李淼 著

淼叔说科技简史

从过去行至未来

U0155554

海峡出版发行集团
海峡文艺出版社

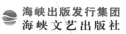
云顶东方

目录 ●

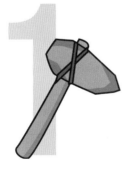

第 1 章
科技的定义及起源

第 2 章
能源革命

第 3 章
未来能源革命的基石

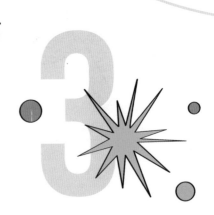

第 4 章

信息革命——第三次工业革命

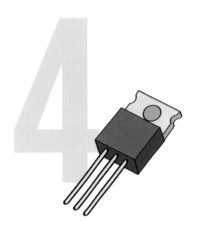

第 5 章

第三次工业革命后期

第 6 章

信息时代的未来

第 7 章

科技的未来畅想

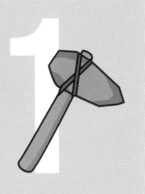

第 1 章

科技的定义及起源

有人曾经问我："淼叔，你能从物理学的角度来定义科技是什么吗？"这个问题有些本末倒置，虽然物理学是一门基础科学，但科技才是一切的基石。那么，在一个物理学家眼里，科技是什么？

一、科技的定义

1.科学的定义及近代科学的确立

科技是"科学"与"技术"的简称。所以要定义科技，我们需要先分别定义科学和技术。

从字面上理解，科学就是"分科之学"，对应的英文单词就是"science"。有人说，"science"是人类对自然的认知。那么自然又是什么？自然就是有别于我们主观规定（包括个人的规定、想象、爱好和社会达成的共识）的东西。比如，法律就是非自然的。

不过，科学也不完全独立于人的主观意识之外。作为一门学问，科学需要一个由学者和科学家们组成的共同体来达成共识，并进行推进和更新。比如，当共同体里有一个人发现，这个共同

体的一项认知需要改进或被颠覆，那么他会首先提出改进的倡
议与观点，其他学者和科学家通过思考以及重要的科学实验来论
证，如果最终接受了这个观点，科学就得到了推进。

可以说，科学起源于人类对世界的最初认知。

比如，一万年前，人类开始从事农业活动。当然，农业不完全是科学，它还包含技术成分，这一点将在下文谈到。在农业活动里，人类为了种植植物、驯化动物，必须对植物、动物本身和季节的变化有一定的认知。而对季节变化的认知，则需要通过测时来分辨时间，因此，人类就必须利用天文学的观测把时间精确化。所以，天文学可谓是最古老的科学分支。

当然，在人类早期的生产活动中，数学也是非常重要的。人类从认知自然数开始，然后认识了有理数，也就是两个整数之比。两千多年前，人类知道了"0"的意义。至于负数，就是更近代的数学知识了。

说到科学，我们不得不提到古希腊。古希腊是西方历史上的首位科学家、哲学家——泰勒斯的诞生地。而科学被系统化，则在亚里士多德时代。

亚里士多德提出了物理学的概念。当时，他不仅仅对地球产生了认知，知道了地球是球状的，并且发明了地心说——后来被哥白尼的日心说推翻。同时，他还对物理学规律进行归纳。

　　而真正意义上的近代科学的诞生，要从500多年前的哥白尼时代算起。经过了400多年前的开普勒、伽利略，再到距今300多年的牛顿，近代科学才得以确立。

　　因此，科学就是人类对自然的认知，而这个认知是不断更新的。

认识到地球围绕太阳旋转，是件非常不容易的事情。

· 哥白尼

2.技术的定义

技术是什么？在英文里，技术是"technology"，而这个词是到了19世纪，也就是第二次工业革命以后，才被特别强调的。但正如我们已经提过的，农业生产也包含技术成分，比如耕作方式等。从这个层面讲，技术还可以追溯到更古老的石器时代。当人们开始利用工具时，技术就已经诞生了。

我们可以把工具、仪器以及一切基于我们对自然的认知之上所发展出来的、能够改进人类生活的事物统称为"技术"。

轮子的事例可以帮助大家了解技术的概念。轮子的发明究竟可以追溯到何时？根据考古学的研究，我们可以将其追溯至5500年前。在中国的传说中，黄帝是轮子的发明者。黄帝号轩辕氏，而"轩辕"的另外一个含义就是轮子。

轮子的发明彻彻底底地把人类"衣食住行"中的"行"变革了，它改善了我们的生活，但也催化了人类之间的大规模战争。中国的春秋战国时期，已经将两轮马车作为战车。而在西方，也有两轮马车作为战车的情况，古希腊《荷马史诗》中便有相关的

· 春秋战国时期，中国人就已将两轮马车作为战车

描述。再发展到后来，还有四轮的战车出现。

　　18世纪末，第一辆火车诞生了，而在19世纪末、20世纪初，人类又发明了汽车。直到今天，在"衣食住行"的"行"的方面，人们最依赖的依然是轮子。

　　现代意义上的技术可以用一句话概括：人类基于科学原理之上发明的一切改进我们生活方式的东西都叫技术。

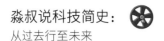
在这里，我们要将"改善人类生活"的概念扩展开来。比如，在今天看来，航天活动似乎并没有改善我们的生活，但是未来，人类可以去月球、火星旅行，而这从某种意义上来说也是对我们生活的一种改善。

3.物理学在科技革命中的作用

那么，研究理论物理的我是如何看待科技的重要性的呢？在这个话题上，我曾遇到过很多询问和质疑。

上海交通大学的江晓原教授认为，科技发展到今天，已经给我们带来了一些灾难性的改变。这是无可否认的事实。比如农药、化学药品和化肥的滥用，以及有害于人体健康的食品添加剂的滥用，例如三聚氰胺等。这些科技产物的滥用，的确是对科技发展的某种拷问。

但是我相信，欲克服科学技术给人类带来的灾难性问题，还需靠科技本身。面对江晓原教授的质疑，我的回答是：即使在这些科技产品出现之前，在农业时代，我们也并非完全靠自然生

· 三次农业革命

活。比如李白去庐山看瀑布，他是骑着驴或者马去的，而不是步行去的。马和驴成为交通工具是农业革命的结果，因此农业革命也是一个技术性的、包含科学成分的革命。

　　追溯到一万年前，当人类开始驯化动物、种植庄稼时，第一次农业革命便兴起了。第二次农业革命的标志是青铜的大规模使用，即青铜器的普遍使用。而第三次农业革命的标志是铁器的使用。

再来说工业革命。理论物理学家还有一个重要的认知：物理学在三次工业革命中起着基础性作用。我们先回顾一下，这三次工业革命都发生了什么。

第一次工业革命发生在18世纪60年代，蒸汽机、珍妮纺纱机是当时的重要发明，而这些发明主要依赖于牛顿力学体系的建立。正是力学理论和能源革命，为大规模的工业生产活动奠定了基础。同时，这也改善了我们的衣食住行的各方面。

第二次工业革命发生在19世纪六七十年代，同样以能源为基础。我们通常以电力的使用为例子。西门子发电机的发明、爱迪生电灯的发明、电磁波的发现与应用，以及19世纪末无线电通信的发明，都主要建立在电力技术上，而电力革命其实也属于能源性质的革命。当然，这场革命还包含其他更多重要的物理学发现，而这些物理学发现是在牛顿力学之后，基于19世纪物理学家发现的诸多物理学新规律之上发明的，例如电磁学定律、热力学定律等。

第三次工业革命发生在七八十年前，这次革命基于以下几

· 三次工业革命

个方面：自动化、计算机的发明、核动力的发现和生物学的发展

（比如DNA的发现等）。但是，第三次工业革命的主要驱动力依

然是物理学。

当然，物理学只是科学的一个主要分支，所以我们提及的农业革命、工业革命以及物理学在此后起到的作用，其实都可以视为科学对人类发展进程的推动作用。

从智人算起，人类已存在近20万年。但人类的第一次人口爆炸发生在1万年前的农业革命之后，而科学技术的突飞猛进则仅仅发生在这20万年中的200多年间。整个农业时代的人均GDP可能仅有400美金，而时至今日，全球人均GDP已经超过10000美金。

未来的科学发展趋势当然会多种多样，其中，特别值得强调的是近年来热度极高的人工智能。尽管人工智能会为我们的生活带来翻天覆地的变化，但我不认为这会是第四次工业革命，这一点我将在下文解释。至于科幻作家期待的大航天时代，我认为，这将比第四次工业革命到来得更晚。因为，大航天时代的到来主要依赖于进一步的能源革命，而下一次能源革命可能比人工智能和第四次工业革命发生得更晚，也许需要两个世纪，甚至更久。

二、科技的缘起缘生

1.人类的起源

科学是人类探索自然的知识结晶，技术是人类改造自然的能力体现。总而言之，科技与人类息息相关，在谈论科技的起源之前，我们首先要聊一聊人类的起源。

在我的童年，也就是20世纪七八十年代，我对古生物、人类与人类学都颇感兴趣。在这些方面，我最早接触到的科普知识来源于有关恐龙和古人类的小册子，这些小册子几乎通篇都是文字，通常是薄薄的一本，偶尔也会辅以漫画。那时我们从小册子上就可以学到，大约50万年前，北京有一种人类叫"北京猿人"。

北京猿人这一名称，来源于考古团队在北京龙骨山发现的

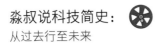
这种猿人的头盖骨。不幸的是，这块头盖骨在第二次世界大战期间被日军在运往日本的途中弄丢了，所以北京猿人是否真实存在过，现在已经"死无对证"了。但是，它仍然存在于人类的文献之中。

从"北京猿人"这个说法开始，我们就一直相信，中国人的老祖先大概在五十万年前生活在北京一带，因为龙骨山周口店有他们生活过的痕迹。后来，我们又发现了山顶洞人。区别于北京

· 北京猿人 　　　　　　　　· 山顶洞人

猿人，山顶洞人是生活在大约3万年前的新人种。北京猿人通常指"直立人"，直立人早已消亡是一种公认的说法；而山顶洞人通常被称为"智人"。可以说，在今天，地球上各个角落的所有人类都是智人的后代。

正如前文所说，在时间的推移下，总会诞生一些关于人类的考古新发现。比如，有人在非洲发现了一个新人种，这一人种大约存在于250万年前，甚至可以追溯到300万年前。我相信，再过几年，我们可能还会发现起源更早的人类，比如出现在四五百万年前的人，因为科学的证据是在不断积累的，而证据的积累自然会不断更新人类存在的记录。

2.工具技术的发展史

人类的科技文明究竟起源于何时？大多数观点认为，人类的科技文明起源于石器时代。但严格来说，这里的"起源"是指技术的起源，而非科技。

· 石器时代工具

在旧石器时代，我们可以用石头把物体磨尖或敲扁。石器的遗迹可以在博物馆看到，它们在狩猎、敲击动物的骨髓或切割动物的皮肉时，都是非常实用的。除了猎杀陆地上的动物，石器工具还可以用于在水里捉鱼，甚至在树上捕鸟。

除了石器外，旧石器时代的另一个举足轻重的东西就是火。我们猜测，人类使用火起源于某次偶然发现被火烤熟的肉味道更好。或许是一场偶然的森林火灾烤熟了动物的肉，人们食用时便发觉这与生肉的味道截然不同。在发现火能将肉烤熟后，人类就开始想办法生火，而石器就是用来生火的工具。

而到了新石器时代，石头通常发挥着"无用之用"，人们更流行将石头当作一种装饰品，就像中国人特别喜欢的玉器，也是一种石饰品。

新石器时代大约起源于1万年前，彼时正是农业文明的萌芽时期。换句话说，在新石器时代的开端，人类已经基本进入了农业社会，也就是人类的第一次科学革命——农业革命——已经发生了。从此，人类开始驯化动物、种植庄稼。

新石器时代的人类主要属于智人，而非直立人。几万年前，尼安德特人等直立人，已经逐渐被智人所取代。我有一种猜测，同属直立人的北京猿人也是被智人消灭的，但并没有直接证据可以证实。不过，有很多遗迹表明，智人所到之处寸草不生、万物皆灭。比如，智人迁徙到北方后，地球陆地上最大的哺乳动物之一——猛犸象也逐渐消亡了。今天，国家基因库里已经存有猛犸象的基因了，或许将来我们真的可以复活猛犸象！

　　新石器时代结束，人类进入了青铜时代。在河南省最北部、接近河北的位置有一个地级市叫安阳，历史上有七个朝代都曾在此建都，而最早定都于安阳的朝代就是殷商。"殷商"便源自安阳的古称"殷"，大约3300年前，商王盘庚从奄（今山东曲阜）迁都到安阳。后世在安阳出土了大量的青铜器，所以我们可以确定，在殷商时代，青铜器已经被大量使用了。

　　青铜器为什么是最早出现的金属用具？目前我们看到的青铜器都是青灰色的，这是由于受到了氧化还原反应。它们最本来的模样呈现金黄色，颜色有别于铜原本的暗红色，因为青铜是合金，里面含有锡、铅等其他化学元素，且熔点较低。青铜的熔点低于1000摄氏度，在700—900摄氏度。所以相对来说，青铜器更容易被铸造。

　　接着我们谈谈铁器。铁器大约出现在4000年前，其出现时间远晚于青铜器。主要原因在于，铁的熔点比青铜高得多。小时候家里做渔网时，会放一些砣把渔网沉下去，于是父亲会在家中熔化铜。但父亲不曾熔化过铁，因为家用炉子的温度通常达不到熔铁的标准。

有一种说法是，最早的铁诞生于自然陨落的陨石中。当一个天外来客——陨石穿过大气层的时候，速度因地球引力而越来越快，陨石与空气摩擦产生高温，此时这块陨石就在高温中经受冶炼，最终到达地球时，很可能已经成为一块铁了。后来，人类用于生火的材料越来越多，用木材可以把火烧到一定的温度，用木

· 最早的铁来源于陨石

炭则能把火烧到更高的温度。还有质量更优的黄金炭，燃烧时的温度会更高，从而可用于炼铁。

　　说到铁就不得不提到钢。实际上，钢的大量冶炼是在近代，古代并没有太多钢。在春秋时期，匠人锻炼出的钢便已经出现了。传说中，越王勾践有很多罕见的宝剑，为何罕见？因为这些宝剑的剑刃主要由精钢铸成。制造精钢，则需要在铁里融入一点其他的元素，也就是纯碳。通常，铁里含有0.2%—0.5%的碳时，炼出的钢的硬度非常强，但碳和铁的比例是非常难把握的，因此古人往往只能在不经意间才会炼出一把宝剑。

　　大约在东汉时期，古人已掌握炼钢技术，但彼时使用的是坩埚法，产量低、成本高，钢无法得以大量生产。加之古代中国多有器物陪葬的习俗，钢铁入土更易生锈，因此鲜少有传世的精良兵器。到了元代，统治者禁止汉人炼钢，淬火技术由此失传。日本人起初模仿中国冶炼兵器，后自成一派，对钢铁冶炼、淬火技术研究颇深，便有了闻名于世的东洋刀（日本刀）。

直到19世纪，欧洲的科学家发明了平炉炼钢法和电弧炉炼钢法，钢的产量才逐渐满足工业需求。20世纪中叶出现的钢包精炼、真空熔炼等冶金技术则使钢的品质逐渐提升。到了现代社会，钢已经被广泛应用于我们生活的方方面面。

从石器时代到青铜时代，再到铁器的使用和炼钢技术的出现，人类制造、使用与改进各种工具的历史，就是人类改造自然的历史的缩影。尽管此后的工业革命使得科技快速腾飞，但技术的起步阶段却是这样一个漫长的过程。

第 2 章
能源革命

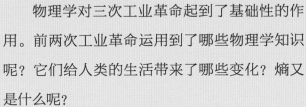

物理学对三次工业革命起到了基础性的作用。前两次工业革命运用到了哪些物理学知识呢？它们给人类的生活带来了哪些变化？熵又是什么呢？

一、第一次工业革命

1.蒸汽机的发明和改良

提到蒸汽机，大家都会想到瓦特发明蒸汽机的小故事。当时他的祖母在烧开水，那时烧水的方式，大概今天的小朋友都没机会见到了。在我小的时候，电暖器这样的取暖设备还没出现，那时只有炉子，天冷就在家中烧一个煤球炉子，然后烤火。有时为了节约能源，我们会在炉子上放一个水吊子，这样在取暖的同时还可以烧水。

水烧开后，水吊子的盖子会跳起来，瓦特的祖母就是这样烧水的。瓦特观察到水吊子的盖子在跳动的同时，出水口还会冒出水汽。他想，既然水蒸气可以把水吊子的盖子顶起来，这说明蒸汽也可以作为一种动力。

· 水吊子

这个故事是真的吗？很遗憾，虽然这个故事流传甚广，但它确实是后人捏造出来的。在科学技术的历史上有不少被编造出来的故事，比如苹果砸到牛顿的头、瓦特的水壶等。但这些虚构的故事能够帮助我们记住科学技术的重要转折点，同时，它们也包含了一些知识点。

小时候，我坐的火车比现在火车站里最古朴的绿皮火车更加原始，它的驱动机不是内燃机，而是蒸汽机。驱动这样的火车，

· 汽转球

必须由几名工人在火车头里抄着铁锹，不断往锅炉里扔煤，使锅炉里烧出很多蒸汽，这才能让火车前行。

准确来说，瓦特是改良了蒸汽机，而非发明了蒸汽机。早在公元1世纪的古罗马，有一个叫作希罗的数学家就想到了利用蒸汽动力。他发明了一种汽转球，这是蒸汽机最简单的雏形。但是真正将蒸汽机的效率提高，并全面投入工业生产中，是在18世纪中叶——瓦特的蒸汽机引领了第一次工业革命的时候。

谈及第一次工业革命，我们就不得不说到牛顿力学的建立。牛顿活跃的年代是17世纪下半叶。

1687年，牛顿发表了一部叫《自然哲学的数学原理》的巨著，那时他已经是英国皇家学会会员了。十几年后，他成了英国皇家学会会长，而后又接任了英国皇家造币厂厂长。

任何一种技术大革命爆发之前，都需要科学基础和科学积累。牛顿力学体系启动了第一次工业革命。第一次工业革命跟物理学密切相关，也在那个时候，近代传统物理学在牛顿和其他科学家的理论基础上建立了起来。它是一个自圆其说的体系，几乎足以解释当时人们能看到的任何科学现象。

　　回到蒸汽机本身。实际上，在第一次工业革命开始之前，蒸汽技术已经在发展中，只不过发展较缓，并没有取得太大突破。到了1698年，第一台商业蒸汽机已经诞生，它的发明者是托马斯·塞维利。然而，这台蒸汽机的效率较低，并且容易爆炸。到了1712年，托马斯·纽科门制造出了一台可供实际使用的蒸汽机。这台蒸汽机不仅效率相对提高了，也并不容易爆炸，还可以运转一段时间，比1698年的蒸汽机更安全。

　　半个世纪以后的1769年，第一次工业革命真正兴起。瓦特在纽科门的基础上改良了蒸汽机，使蒸汽机效率提高，并节省燃料、降低成本。瓦特改进了多项技术，比如将蒸汽机分出储存蒸汽与将蒸汽凝结成水的空间，并用管道将二者相连。另外，他还改进了蒸汽机外部的隔热材料等诸多方面。就这样，瓦特的蒸汽机的效率比1698年的第一台蒸汽机提高了3倍。

　　此后，蒸汽机的效率仍在不断提高，特别是到了19世纪，因

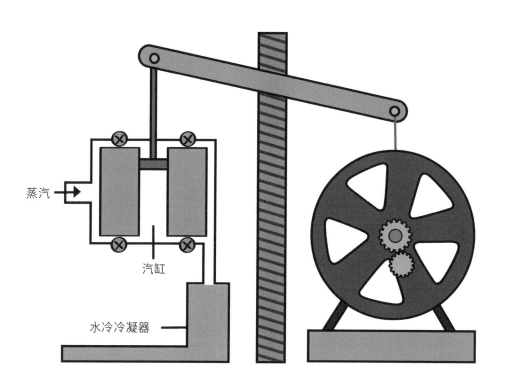

蒸汽

汽缸

水冷冷凝器

· 瓦特改良蒸汽机内部技术

为物理学在19世纪又发展出了一门新的学科，叫热力学。从此，蒸汽机的改良基于更多的科学原理。

热力学告诉我们，蒸汽机的效率是固定的，它不可能是百分之百，有可能是60%，也可能是50%。化成数字就是0.5和0.6，它总是小于1的。而这个小于1的数字，即蒸汽机的最大的效率是可以由计算得出的。我们把蒸汽机内部的最高温度记作温度A，把外部的环境温度记作温度B，那么温度B除以温度A会得到一个小于1、大于0的数字。用1减去这个数字，就可以算出蒸汽机的效率。

例如，蒸汽的温度大概是200摄氏度，而外部的温度是50摄氏度，$50 \div 200 = 0.25$，$1 - 0.25 = 0.75$。那么我们就能知道，这台蒸汽机的效率最高是0.75，不可能再高了。这就是蒸汽机效率的原理。瓦特的改进，就是尽量改进蒸汽机内部技术的各方面，从而让蒸汽机的效率达到最高，就像我们刚才举例的0.75这个数字，其实还可以更接近于1。

现在我们再回顾一下蒸汽机的应用历史。在蒸汽机诞生之前，船只要靠纤夫拉纤才能顺利靠岸，完全依靠人力。

在18世纪末的欧洲，第一台非人类驱动的轮船装上了蒸汽机，自此开始，船的驱动力不再是人力，而被机械力所取代。我们都知道，人力的效率低下，而机械力是几乎无止尽的，用机械的力量代替人力，一下子就把人们从苦力中解放出来，这便是工业革命的非凡之处。

到了19世纪初，第一台用蒸汽机驱动的火车出现了。其实，在轮船和火车用蒸汽机驱动之前，瓦特改良的蒸汽机已经应用于采矿、纺织和几乎所有的大工业生产之中了。凡是需要能量的产业，几乎都可以利用蒸汽机，因此，蒸汽机在工业生产中的应用史，实际上要早于交通领域。

今天，无论是工业生产还是交通运输领域，蒸汽机几乎已被完全淘汰了，取而代之的是内燃机和电力。例如，高铁是纯电力的，轮船尽管并不是纯电力的（仍在使用柴油、汽油），但也已经不再用蒸汽机了。只有在少数情况下我们依然需要蒸汽机，比如用于巨大的轮船，因为我们无法给它接上电。因此，无论是轮

船还是其他事物，尽管使用内燃机的效率更高，但蒸汽机依然没

有被彻底淘汰。

2.第一次工业革命的其他重要发明

第一次工业革命还有两项重要的发明——珍妮纺纱机和水力

织布机。

能源革命

1765年，英国兰开郡的一名工人哈格里夫斯发明了纺纱机，他以女儿的名字"珍妮"为这台机器命名。珍妮纺纱机与瓦特改良的蒸汽机是同等重要的。在纺织业，珍妮纺织机以机械力代替了人力，并且效率远高于人力。因此，我们通常把纺纱机和蒸汽机并列，将两者视为18世纪下半叶的第一次工业革命肇始的标志。

1769年，英国的理查德·阿克莱特发明了用水轮驱动皮带转动的水力纺纱机。

水力纺纱机的效率比珍妮纺纱机高许多，纺出的纱线质量也更高。水力纺纱机诞生后，人们织布的速度远远赶不上纺纱的速度，一些聪明人便开始思考：能否用机器来织布？就像用机器纺纱一样。英国肯特郡的一位牧师埃德蒙·卡特莱特与他雇来的铁匠和木匠，一起在1785年发明出了水力织布机。在此之后，英国的棉纺织业迅速发展，大量的工厂纷纷被建造，英国人从此加速走上了工业革命的道路，欧洲各国也紧随其后。

二、第二次工业革命

1.发电机和电动机的发明

西方的第一次工业革命大约发生在250年前，也就是18世纪下半叶；第二次工业革命则发生在19世纪下半叶，大约是150年前了。

而在中国的土地上，工业革命的情况则迥然不同。中国的工业革命起步晚，进程却非常快。出生于20世纪60年代的中国人非常特殊，他们在这片土地上先后经历了第一次工业革命、第二次工业革命，以及从20世纪90年代初进行至今的第三次工业革命。

1949年以前，中国基本上是一个农业社会。即便在1949年之后的很长一段时间里，直到20世纪70年代中后期，从人口上看，中国仍然是农业社会，城市人口还未超过全国总人口的

能源革命

· 煤油灯

50％。在那个年代，我们只能在县城以及县城以上的城市看到工业，而广大的农村土地上则丝毫找不到工业的迹象。小时候回老家只能点煤油灯，根本没有电灯。

当我十几岁时才第一次坐火车，从徐州前往北京。那时科技很不发达，火车基本上仍靠燃煤驱动。可以说，我见证了中国的第一次工业革命。

同样，我们这个年代的人也见证了中国的第二次工业革命。

到了20世纪八九十年代，中国的电气化时代已经到来，很多电气设备已经普及。

　　第二次工业革命主要是以电力在日常生活中的广泛使用为标志的。电和磁的相互作用是这个世界上最主要的相互作用之一。电磁现象非常重要，至今仍然主导着我们的生活，而人类对电磁现象的发现可以追溯到十分遥远的年代。早在公元前600年，古希腊哲学家泰勒斯就已经把摩擦产生静电的现象记录了下来。在冬天，我们经常发现毛衣上会产生静电，用手触碰时会产生非常微弱的电流，这就是摩擦起电最基本的现象。

　　公元1660年，德国马德堡市市长奥托·冯·格里克发明了第一台摩擦起电机，所以人类自那时起就可以生产静电了，并且还能把静电储存起来。到了18世纪，电学方面的研究就更多了。法国的查利·奥古斯丁·库仑根据扭秤实验发现了库仑定律；而荷兰的彼得·范·穆森布罗克发明了最早的电容器——存储静电的莱顿瓶，这项发明非常重要，电容器可以存储电、电荷，产生电流，从而产生电能，电能则可以通过各种方式转化为机械能。

接下来，我们要谈谈发电机和电动机这两个第二次工业革命中的重要发明。需要注意的是，这是两个构造非常相似、但功能和用途截然不同的机器。发电机是将机械能转化成电能，而电动机是把电能转化为机械能。

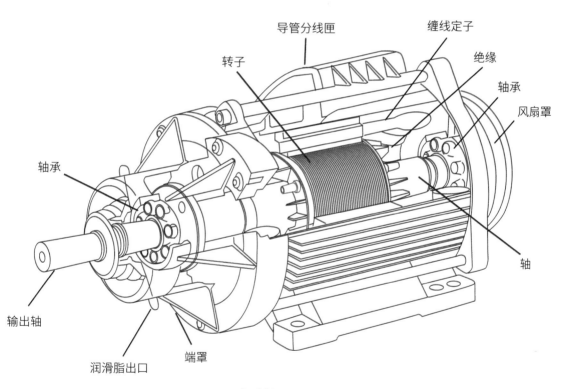

导管分线匣

缠线定子

转子

绝缘

轴承

风扇罩

轴承

轴

输出轴

润滑脂出口

端罩

· 电动机

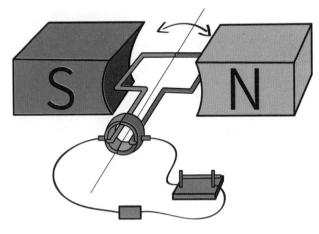
先来说说电动机的发明。说到电动机，我们首先要提到一位丹麦的著名物理学家和发明家——汉斯·奥斯特。

奥斯特的主要发现是：当一根导线有电流通过，这时如果将小磁针放在导线旁边，小磁针会发生偏转，也就是说电流会产生磁场。

这一发现促使法拉第发明了历史上第一台电动机。当我们给电动机通电时，由于电流产生了磁场，而磁场又使得带有磁性的物质转动起来，这个时候电动机也会转动。或者我们倒过来看，

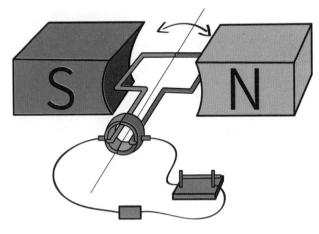

· 电动机的原理

如果将磁铁固定住，把电动机可以转动的部分通上电流，它们便会产生磁场，在磁铁的作用下也会转动起来。这就是电动机的基本原理。

然而，法拉第发明的第一台电动机并没有真正地得到实际应用，第一台真正投入工业化运作的电动机由德国发明家西门子发明。西门子在1866年同时发明了发电机和电动机，并且，他也是著名的西门子电器公司的奠基人。

发电机的原理基于法拉第的一项发现：电流会产生磁，同样地，磁也会产生电。但这一发现并不是对奥斯特的发现的逆推，而是两种不同的现象——二者之间是有联系的。那么，这个联系究竟是怎样的？

中学课堂上常做这样一场物理实验：将一根导线绕成线圈，在线圈的两端接上一只灯泡，此时线圈没有电流通过，灯泡也就不会亮。如果让一块磁铁穿过线圈，我们就会发现，灯泡亮了起来。也就是说，在磁铁穿过的同时，线圈里出现电流了。

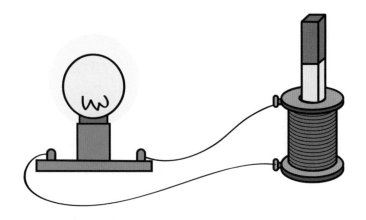

· 线圈和电灯

　　那么，磁铁附近的线圈究竟发生了什么？法拉第说，实际上是通过线圈的磁场发生了改变，从而使线圈产生了电流。严格来讲，是线圈中的磁通量发生了变化，磁通量越多，变化越快，产生的电能越大。换句话说，我们把线圈再多绕几圈，此时线圈受到的磁通量就会变大：多绕一圈，线圈就多受一个单位的磁通量，磁通量的变化就更大，产生的电流也就更大。

　　可以说，法拉第的发现为西门子提供了发明发电机的主要原理。发电机把机械能转化为电能，首先要在机械能的驱动下使一块磁铁转动起来，比如烧煤时热量转化为蒸汽，而蒸汽可以用来做功，从而产生了机械能。同样，内燃机也可以把汽油和柴油产生的化学能转化成机械能。

机械能驱动磁铁转动后，我们在周边放些线圈，这些线圈就会产生电流。电流产生之后，我们就用电池或其他更大的蓄电装备将电能储蓄起来，再把电能通过高压输送到其他地方。

为什么要采用高压输电的形式呢？最主要的原因是，将低压电变成高压后，传输损耗的能量比较少。而当需要把电输送到各家各户时，高压电又通过变电站变成低压电，也就是电器常用的220伏。

不同国家间发电方式的比例是各不相同的。在工业化国家，火力发电，即通过烧煤发电，占了较大的发电比重，一般是60%—70%。其次是水力发电，水力发电通常占一个工业化国家总发电量的20%左右。再次才是核能。全球核能发电量仅占全球发电总量的10%左右，哪怕是在发达国家，核能发电使用率也通常不高。美国是世界上核能发电量最多的国家，但也仅约占全国发电总量的20％。只有法国例外，法国的核能发电量约占全球核能发电量的15％，尽管总量比美国低，但核电是法国发电的主要方式，占全国发电量的70％左右。我国则仍以烧煤发电为主，目前的核能发电率还不到10％。

电能的用途广泛。现在的工厂已经很少通过烧煤或汽油来运作，因为那样既不如使用电能便利，又会造成较大的环境污染。再者，用电是更加经济的选择，因为电力易于传输，只需高压线就可以完成，而煤的运输则需要更大的交通工具。此外，电力也比较清洁、干净。生活中使用电力也有诸多益处，比如便利、安全、价格实惠，我国居民用电第一梯度的1度电仅需0.5元左右。

当然，发电本身仍然存在着一些尚未解决的问题。例如，火力发电会造成很大的污染，这是目前的首要问题；而风力发电会破坏生态环境和自然景观，且占地面积非常大；水力发电虽不会造成污染，但对地理环境，比如地势的要求很高，且需要为此建设大型工程，固定投资成本较高。

比较各种传统发电方式的优缺点后，尽管许多人对核电的安全性存疑，我们依然认为，核电在今后几十年中有着相当大的发展空间。从更长远的角度来说，我认为未来的100年中，太阳能发电可能更为重要。

至于未来哪些国家会走在电力技术发展的前沿，目前尚不能断定。虽然第二次工业革命起源于德国等欧洲大陆国家，但最早广泛使用电力的国家是美国。爱迪生改良电灯是一项非常重要的发明，也是将科技应用于日常生活的实例。而在此前的电气时代，电力技术走在世界前列的同样是美国、德国等国家。现如今，世界各国都在积极探索新能源。凝聚全世界的智慧，找出更适宜人类开采、使用的能源与更合理的使用方式，从而更高水平、更便利、更广泛地改善人们的生活，这是非常值得期待的。

2.第二次工业革命其他的重要发明

第二次工业革命中，人类的交通工具也发生了重大变革。

1876年，德国人尼古拉斯·奥古斯特·奥托在前人理论和

莱特兄弟的飞机

实验的基础上发明了第一台实用的内燃机。这台内燃机以煤气为燃料，采用火焰点火，转速为156.7转/分。1883年，德国的戴姆勒发明了第一台立式汽油机，当时，内燃机的转速普遍不超过200转/分，它却一跃达到800转/分。这台内燃机轻型和高转速的特点，适合应用于交通工具。

内燃机的推陈出新推动了交通工具的飞跃式发展。1885年，德国的卡尔·弗里特立奇·本茨提出了"轻内燃发动机"的设计。1886年，他成功研制了第一辆由汽油内燃机驱动的三轮汽车，申请到了世界上首张汽车专利证书。同年，同为德国人的戈特利布·戴姆勒发明了四轮载货汽车。

1903年，美国的莱特兄弟制造的飞机试飞成功，实现了人类长久以来飞上蓝天的梦想，同时也标志着交通新纪元的到来。飞机改变了人类的交通、经济、军事以及日常生活的方方面面。

3.石油

我们一直在谈工业革命，工业革命的最大特点在于用非人力的能源取代人力，因此，第一次工业革命和第二次工业革命均可被称为"能源革命"。第一次工业革命，能源的主要来源是煤炭。煤炭将水烧开产生蒸汽，蒸汽推动机械，以此给我们提供能源。第二次工业革命也被称为"电气革命"。电力是一种二次能源，主要通过煤炭等一次能源得来。直至今天，全球仍有60%—70%的电力供给来源于煤炭。不过从电力的使用开始，一种对人类而言至关重要的一次能源—石油就被广泛利用了。

顾名思义，石油就是"石头中的油"，人们是在岩石的空隙中发现石油，并将它开采出来。石油对应的英文单词，也就是"petroleum"，由希腊文的两个单词组合而成：一个是"petra"，意思是"岩石"；另一个是"oleum"，也就是"油"的意思。由此可见，这样的词语组合与我们对石油的理解如出一辙。

很久以前，人类就开始小范围地使用石油了。四五千年前，古代的苏美尔人、巴比伦人和亚述人就开始收集原油和沥青。比如，古巴比伦人会将石油中较重的部分，也就是沥青涂在墙上，或用于铺路。

但石油被大量开采与使用的历史始于19世纪中叶，时间与电力投入使用的起点相近。大约在1855年，一位化学家发明了冶炼石油的方法。石油的成分非常复杂，各种物质的沸点不同，所以通过在不同温度下对石油进行蒸馏，可以将不同沸点的物质分离出来，从而有了煤油、柴油和汽油。

汽油的沸点较低，所以，在人类最早炼石油的时候，汽油少有用武之地，因为它常常汽化为蒸气后流失。因此，煤油是最早投入使用的，因为煤油的汽化需要较高温度。在我小时候，农村点煤油灯使用的煤油，正是这种需要较高温度才会汽化的煤油。

19世纪下半叶，在内燃机诞生后，石油开始发挥较大作用。今天，汽油作为飞机、汽车、摩托车的主要燃料，实际上是通过内燃机使用的。飞机的内燃机与汽车的内燃机大不相同，因此二者使用的燃油也有区别。飞机用的航空燃油必须耐冻又耐高

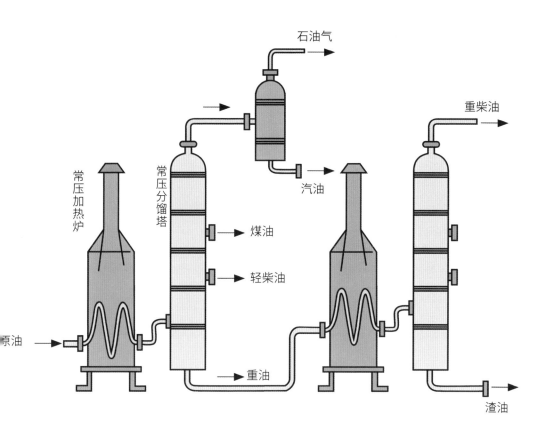

石油气

重柴油

汽油

常压加热炉

常压分馏塔

煤油

轻柴油

重油

原油

渣油

· 石油的分离

温，所以从某种角度来说，它的品质比汽车使用的汽油高。但现在，一些汽车使用的汽油同时也可用于飞机航行。开车的人都知道，加油时，不同汽油会有不同的数字标号，标号的数值越大，相应的汽油越贵。这是因为，不同标号的汽油所含的辛烷值各不相同。

什么是辛烷？这就要说到石油的化学性质了。石油是一种主要由碳氢化合物组成的混合物。在地球上，碳是一种特别的元素。有机物的主要组成部分是碳元素，而我们身体的大部分组成成分都是有机物，所以我们的生命和碳是分不开的。石油也与碳元素联系紧密，石油的含碳量约占80%。

碳氢化合物有很多种类，烷烃是其中一类碳氢化合物的统称，也是石油的重要成分。上文提到的辛烷就是烷烃的一种。我们按照烷烃中碳原子的个数，将其依次命名为甲烷、乙烷、丙烷、辛烷等。

关于石油的起源。最早的说法是，石油是由大量死去的生物沉积形成的。这一假说最早的提出者，是俄国百科全书式的科学家罗蒙诺索夫。

这一传统说法在今天受到了挑战。为什么？全世界勘探到的石油储量非常多，是以千亿吨、甚至数千亿吨的量级计算的。现在的研究认为，古生物的尸体不足以形成如此多的石油。这就衍生出了第二种假设，即石油是由地球地壳本身所含的碳元素逐渐产生化学反应形成的，与生物尸体并无干系，且石油是一种可再生能源。然而，这种假设的被接受度尚不及罗蒙诺索夫的猜想，尽管我们暂时无法证实石油储量与生物尸体的具体关联，但人类还是倾向于相信，石油是一种几乎不可再生的宝贵能源。

关于石油的分布。石油资源在全球范围内的分布是极其不均衡的。从东西半球来看，东半球占据了绝大部分的石油资源；从南北半球来看，则是北半球占据多数石油资源。从地区来看，中东是全世界石油分布最多的地区，特别是沙特阿拉伯和伊朗。

中东的石油探明储量占全球总石油探明储量的半数以上。以沙特阿拉伯为例，沙特阿拉伯的石油探明储量为300余亿吨，但中东地区的石油开采率并不高，仅有70%。中东以下，依次为

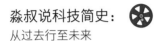
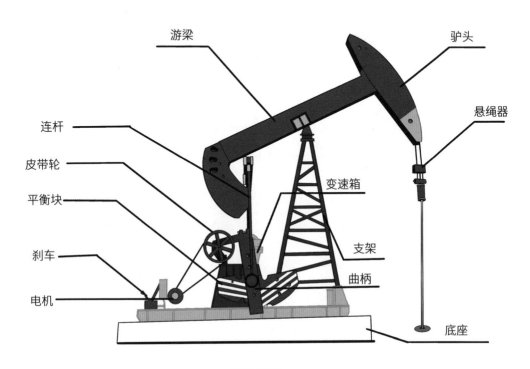

· 石油开采

中南美洲、北美洲、欧洲、非洲与西太平洋。从石油的探明储量

来看，中国的石油探明储量较少，无法挤入世界前列，但中国

的煤炭储量却很多。

　　了解过石油的地理分布，接下来我们说说石油经济。中国每

年消耗约6亿吨石油，换算成常用的计量单位——"桶"，1吨原油约等于7桶原油。

中国每年消耗的6亿吨石油中，用于发电的石油仅占较小的比重，大部分则作为内燃机的燃料使用，比如汽车。越来越多的中国人拥有了汽车，交通越发拥挤，同时，选择飞机出行的人也越来越多，因此石油的消耗量也与日俱增。

4. 能量与熵

地球上的能量主要来自太阳，同时，地球本身也是一个活跃的星球，也就是说，地球内部也含有能量来源。有人说，地核里有一个核子反应堆，它会造成地震、地壳运动，因此不能完全说"万物生长靠太阳"。

我们要特别强调：能量是守恒的。发现能量守恒的人有两位，一位是德国医生兼物理学家尤利乌斯·罗伯特·迈尔，另一位就是英国物理学家詹姆斯·普雷斯科特·焦耳。焦耳的名字被用于命名一个能量单位。1焦耳是什么概念呢？用1牛顿的力将一

· 爱因斯坦

个物体推动1米所做的功就是1焦耳。1牛顿的力多大呢？根据重力公式，1牛顿力大概相当于100克物体的重量。

爱因斯坦认为，质量也是能量。爱因斯坦在狭义相对论中提出了著名的质能公式：$E=mc^2$。E是能量，m是质量，而c是光速。这道公式是狭义相对论的自然结果，爱因斯坦对它的推导较为抽象，我们可以用更为直观的方法理解它。首先放置一个物体，然后不断地给物体照射光，光是带有能量的，而物体是静止的，发生变化的仅仅是物体的质量，这就说明变化的质量里是含有能量的。有人说，核反应是爱因斯坦质能公式的应用，但爱因斯坦并没有预言核能量，只是核能量恰好可以验证爱因斯坦的公式。

如果我们能将爱因斯坦的质能关系利用到底，就可以通过物质和反物质湮灭生产能量——1千克的物质和反物质相遇所产生的能量是巨大的。当然，反物质很难制造，只能在粒子加速器上产生，而全世界的粒子加速器相加能够产出的反物质总量，也不足十亿分之一克。

在能源利用方面，俄国天文学家卡尔达舍夫提出了一套文明等级。他说，一级文明控制整个行星的能源，二级文明控制一颗恒星的能源，三级文明控制其所在的整个星系的能源。地球上的能源大部分来自太阳，若将太阳照射到地球的能源全部利用起来，也是非常可观的。目前，全球总耗能只占太阳辐射到地球的能量的万分之一，根据卡尔达舍夫的划分，人类文明级别还远远不及一级文明的标准，因为人类没有将地球接收的太阳能量完全

利用。

最后说一说"熵"。熵的提出同样是在19世纪，与能量守恒被发现的时间相差不大，但熵与能量的概念并不相同。最早提出熵的概念的是德国物理学家克劳修斯。熵用以说明一个体系的混乱程度。比如，你本将耳机线整理妥帖，但放入口袋后却很快变

火焰可以让水变热，水不能让火焰变冷。

· 热传导现象：热量从温度高的物体向温度低的物体传递

乱，当你掏出它的时候又要重新整理，也就是说，一个体系的混乱程度是逐渐增加的。熵可以衡量一个体系的混乱程度，一个体系的熵总是增加的。

熵增会让我们看到两个现象，第一个是热传导现象。热量从温度高的物体向温度低的物体传递，当热量从温度高的地方向低的地方传，熵会增加。所以像《哈利·波特》里的一些魔法场景是永远不会实现的，比如哈利用魔法棒指向水面，水瞬间会结成冰。这要求水的温度降低，并将能量向周围的环境散发出去，也就是让能量从温度低的地方向温度高的地方传递，这是绝无可能的。

第二个就是扩散现象。比如，我们将一滴墨水滴进一杯水里面，这滴墨水起初保持着原有的形状，但随后会慢慢生成各种漂亮的图案，在杯子里洇开。这就是扩散现象，也是一种熵增的现象。

熵在扩散过程中增大了，混乱度变高了，这比热传导现象更加直观。因为当墨水向四处洇开时，它的混乱度在增加。《哈利·波特》里还有一个场景：家中本来很乱，家具、装饰品东倒西歪，波特的魔法棒一指，家具便纷纷飞回到原来的位置，装饰品也在空中还原如初，被撕碎的书籍在半空中修复又降落回书架上，裂痕、碎片、孔洞纷纷消失，连墙壁也自动擦拭干净……这些是我们在现实世界中一辈子都不会发生的事情。还有一个更直观、形象的例子，我们可以把一枚生鸡蛋煎熟，却不可能见到一个熟鸡蛋变回生鸡蛋。

对物理体系的熵增过程进行微观解释，是从奥地利物理学家玻尔兹曼开始的。他说，熵增过程是一个物理体系中的基本粒子之间的互相碰撞，然后渐渐将能量传递给全部的原子和分子，使能量基本得以平均分配的过程。除了热传导、扩散之外，熵增还有哪些重要的应用呢？

它告诉我们，发动机的热效率是永远不会达到百分之百的。当我们在很大的热源里提取能量时，能量耗散的可能性是不可避免的，这使得周边环境变得更加混乱，从而造成部分热量的流失。所以，只有一部分的热量可以被转变为可利用的能量，也就是动能。

比如说，当发动机运转的时候，汽油燃烧产生的热量只有一部分被转化为汽车的动能。因为汽车外的环境温度低于汽油燃烧时的温度，而这两者的温度之差决定了发动机的效率，温度之差越大，热效率越高。但将汽车发动机内的温度提升到无限高是不切实际的，因此发动机的能量转换效率也不可能是百分之百的。实际上，这就是发现热力学第二定律的中间过程，当年卡诺研究发动机的效率问题时，将这一发现总结出来，最终促使克劳修斯等人发现了热力学第二定律。

未来信息世界中的信息会越来越多，而信息恰好是熵的反面。如果在熵的前面加一个负号，这就是信息。熵越大，信息量越小。为什么？我们随意打出一串不符合语法的汉字，这些汉字非常混乱，不包含任何信息；可将这些汉字根据语法有规律地排列起来时，组合得越有规律，它们的信息量越大。20世纪的数学家克劳德·香农发现了一种新的量——信息熵。后来，香农提出的"信息熵"被应用到物理学领域，与玻尔兹曼的熵公式不谋而合——信息熵越大，信息量越小。

第3章

未来能源革命的基石

  清洁能源的发展方兴未艾，而其中最值得一提的便是可燃冰与核聚变。那么，什么是可燃冰？什么是核聚变呢？它们的发展会给人类带来哪些变化？当下的科技又遇到了哪些挑战？

一、可燃冰开采

在了解可燃冰之前，我们首先要回顾此前谈及的化石能源。目前，人类大量开采使用的化石能源主要有三种。第一种是煤炭，人类最早使用的化石能源。根据考古发现，从进入文明时代开始，人类就发现了煤炭。第二种化石能源是石油，主要指狭义上的原油。第三种化石能源是天然气，从广义上理解，天然气是石油的形态之一。

可以说，可燃冰是人类正在开发的第四种化石能源。

可燃冰是一种天然气水合物。甲烷、乙烷、丁烷等天然气与水在高压低温条件下会形成像冰一样的化合物，以晶体的形式存在于自然界中。可燃冰生成所需的环境条件比较特殊，需要同时满足低温和高压两个条件。众所周知，地表下方越深处，压强越大。

煤　　　　　　　石油　　　　　　　天然气

· 人类大量开采使用的三种化石能源

　　虽然这满足了高压的条件，但并非任何具有一定深度的地方都可以生成可燃冰。因为地球的核心是一个活跃的部位，相当于一座直径约10千米，会向外输送能源的天然的核电站，同时，地表以下的温度非常高。能同时满足低温高压这两个需求的天然环境注定是极其特殊的，也使得这一新能源的开采存在较大的难度。

　　对环境要求极高的可燃冰通常会出现在哪里呢？一般来说，

可燃冰埋藏在深海中，与石油类似。深海下的石油储量很多，所以，或许可燃冰也大量存在于海底的沉积物中。第二种可能性是，可燃冰储存在陆地上的永久冻土中。为什么会在冻土中？正如前文所述，可燃冰的生成需要低温环境。

· 可燃冰

接下来具体谈谈可燃冰的作用——它可以成为未来的清洁能源。可燃冰燃烧后不会留有残渣，也不会生成对人体有害的气体。1升的可燃冰可释放出160升可燃气体。也就是说，如果一定体积的天然气可以让汽车行驶300千米，那么同样体积的可燃冰能够让汽车行驶5万千米。

　　这个说法引起了许多人的质疑。开车的人都知道，通常汽车最多行驶1000千米就需要加油了，那么行驶1万千米就需加10次油，5万千米则需加50次油，而使用可燃冰的汽车竟然不需要，真是不可思议！

　　虽然可燃冰的生成环境有一定限制，但是据科学家推测，可燃冰分布广泛且储量极大，储量约为地球上的天然气与石油储量之和的两倍。未来，可燃冰将在人类能源中享有举足轻重的地位。

　　如果科学家预测的可燃冰储量属实，那么根据人类目前的能源消耗水平，可燃冰确实能够为人类提供1万年之久的能源，这将是一场足以改变人类历史进程的能源革命。而我国作为持续依赖石油进口的国家，终于可以通过开采周边海底的可燃冰，以满足国家的能源需求。相对于煤炭和石油，毫无疑问，可燃冰是更加清洁的能源。

然而，除了以上积极作用，可燃冰的开采还存在着不容忽视的消极影响。第一，可燃冰具有挥发性，所以在开采的过程中，开采温度过高容易引燃可燃冰，造成爆炸等非常危险的事故。第二，虽然可燃冰是清洁能源，但开采可燃冰容易引发甲烷泄漏。甲烷是一种强效温室气体，会造成环境污染，污染程度远高于二氧化碳。第三，开采可燃冰可能会造成对周围环境的破坏。

现在，中国海域的可燃冰试采已经成功。据估计，在我国大约215万平方千米的冻土之下，可燃冰的资源量相当于350亿吨的石油储备，而我国海域含有的可燃冰，则相当于40亿吨石油。

按照中国目前的战略规划，从2008年到2020年"十三五"规划结束，这段时间属于可燃冰开采的调查阶段；从2020年到2030年是可燃冰开发试生产阶段；2030年到2050年，中国的可燃冰开采将进入商业生产阶段。你可能会疑惑，可燃冰的开发时间为何如此漫长？

首先，我们需要了解开采可燃冰的困难。由于可燃冰的形成需要满足高压和低温这两个条件，一旦将其开采，可燃冰会因为温度升高、气压降低而分离。同时，可燃冰的挖掘工程也十分困难。首先面临技术层面上的困难——深海作业究竟能否实现？其次是成本问题，这是不容忽视的。若开采1升可燃冰所需成本高于1升可燃冰输送的能量价格，这是得不偿失的。第三，可燃冰在突然离开高压低温环境的情况下可能会造成海底塌方，破坏环境。

二、可控核聚变技术

　　在未来的能源革命中，另一个值得关注的重点就是可控核聚变技术，有人将它视作能源耗尽难题的克星。对于这个技术，人们已经展开了长达几十年的研究，但仍然没有将其变为现实。至于何时会取得突破，这是所有科学家都难以预料的，因为这项技术的实现困难重重。

　　大家都听说过氢弹，它是核弹中唯一采用核聚变反应的。氢弹一旦爆炸，就会迅速释放能量，造成毁灭性的后果。因此，如果我们要从热核聚变中提取能量、造福人类的话，就必须控制爆炸的速度，这样一来，核聚变才不会像氢弹爆炸那样造成骇人的后果。

　　其实，太阳自身就无时不刻不在发生类似氢弹爆炸的现象。

太阳的核聚变情况复杂，有多种循环。但是，任何循环都不外乎一个简单的原理：两个氢核中，质量较轻的原子核合成一个较重的原子核，然后释放能量。而释放能量的原理，正是爱因斯坦著名的质能关系。

两个较轻原子核的质量相加，比接下来合成的较重原子核的质量大，那么期间损耗的质量去哪里了？损耗的能量变成了爆炸时产生的能量，也就是释放出光、中微子等物质。太阳释放的光的能量，大约超过了释放总能量的50%，而中微子能量则略低于50%。

那么，人类要如何利用核聚变反应生产能源呢？在讲核聚变技术前，我们首先要了解它与核裂变技术之间的差异。核裂变的能量来源与核聚变相反。上文提到，核聚变是两个轻的原子核合成一个比较重的原子核，但是总质量是减少的。而核裂变就是一个重的原子核分裂成两个轻的原子核，质量也是减少的。根据能量守恒定律，原子核质量减少会释放能量。

最常见的核裂变是，用热中子轰击铀235，铀235会分裂成两个轻的原子核，同时释放出2—4个中子。接着，2—4个中子继续轰击其他的铀235，如此形成链式反应，并呈指数式增长。越来越多的铀235原子分裂，就释放出核能。除了铀235，人们对钍的使用也渐渐增多。

相对来讲，人类对控制裂变已早有研究。在发现核裂变后不久，人们首先展开了对热核反应堆的研究，此后才研究核弹。最早研究出原子弹的是美国的"曼哈顿计划"，而在此之前，费米实验室已经成功进行了核裂变实验。这些技术已成功应用于当前

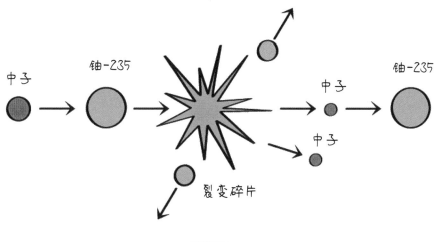

· 核裂变

的发电领域。

回到核聚变。核聚变的典型例子，是氢原子和氢原子与其他物质共同合成为氦。氢的原子核内含有一个质子，两个质子加两个中子会变成一个氦原子。氦原子里含有两个质子，而一个氦原子的质量小于两个质子和两个中子的质量之和，所以根据能量守恒定律，这一合成过程会释放能量，而且效率高达7%。也就是说，7%的质量变成能量被释放出来了。这也是太阳时时刻刻都在发光的原因。

不过，对氢元素的控制是非常困难的。相对易于控制的是氚和氘，氚和氘是氢的同位素。也就是说，氚比氢重三倍，它是由一个质子和两个中子构成的原子核。氘比氢重两倍，也就是由一个质子和一个中子构成的原子核。然而，即便氚和氘在发生核聚变后比氢更容易控制，但控制的难度依旧不小。

相对来说，只需通过中子轰击的核裂变比核聚变更易实现，而现在的慢中子技术又使得核裂变更加安全。

未来能源革命的基石

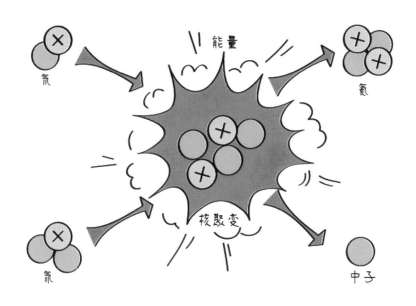

· 核聚变

核聚变则并不容易发生，因为它需要很高的温度才能实现。太阳之所以发生聚变，是因为太阳周边的尘埃云会在万有引力作用下收缩，之后，引力的能量会变成热能，不断地给太阳加温，加热到一定程度后，聚变就在太阳的核心部分发生。要想发生核聚变，太阳内部需要有千万度以上的高温才行。

这就是受控核聚变的关键所在，我们需要把温度加到很高才能产生，但仅仅控制温度还不够，整个反应过程还要受控，也就是能量要按我们的需求来释放，不能像氢弹那样瞬间爆炸。只有当这两个要素兼备时，我们才能掌握受控热核聚变。这样一来，我们就能理解原子弹的诞生早于氢弹的原因。因为，原子弹的原理是核裂变，而氢弹的原理是核聚变。

既然过程如此困难，我们为什么依然坚持不懈地研究受控核聚变呢？受控核聚变有什么好处？最直接的一点是，仅聚变发电站理论上可以产出的能量，就够人类使用数百万年之久。此外，受控热核聚变的效率颇高，并且是清洁能源，因为其间没有会造成核污染的不稳定的原子核。

核裂变工程通常建设在沿海地区，原因有二。第一，核裂变工程需要建设在不易发生地震的地区；第二，万一产生事故，我们可以通过倒灌海水来解决事故带来的裂变温度不受控制的问题。这就是核电站多建在海边的原因。

人工受控核聚变发电站在选址方面则相对自由。区别于太阳能和风能，气候和地理条件等因素对核聚变的制约较小。比如，太阳能和风能发电需要占用大面积土地，风能发电站自然还需要有风。所以，人工受控热核聚变发电站对于地理位置的要求，比太阳能和风能发电站低。

发电站建设的便捷仅是好处之一，最重要的是，人工受控核聚变一旦成功，我们不仅将拥有取之不尽用之不竭的能源，而且能源的价格还会大大降低。除此之外，现在我们使用汽车所消耗的化石能源，也可以用受控核聚变产生的电能代替。

最后，受控核聚变相对核裂变来说，是更安全的。迄今为止，全球已经发生过多次核电站事故，比如乌克兰的切尔诺贝利核电站爆炸事故、日本福岛核泄漏事故。核裂变一旦失控，或者核电站发生事故后，会产生严重的环境污染，对人类与自然造成难以挽回的巨大伤害。

核聚变则不会引发这个问题，它并不会产生核裂变所出现的长期和高水平核辐射，也不产生核废料。因此，核聚变是相对安全的。更重要的是，核聚变提高了能量生产效率。

· 切尔诺贝利核电站爆炸事故

　　托卡马克是核聚变反应的受控装置。托卡马克使用强磁场约

束高温等离子体，使等离子体本身产生高温。中国现已加入国际

热核聚变实验堆（ITER）计划，将与其他各国共享受控核聚变技术。如果计划真正成功，这个"人造小太阳"的温度会比太阳中心的温度高五六倍。

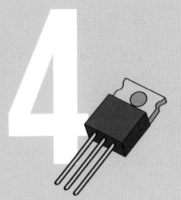

第 4 章

信息革命——
第三次工业革命

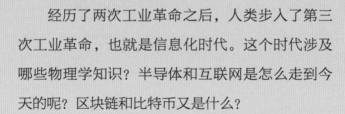

经历了两次工业革命之后，人类步入了第三次工业革命，也就是信息化时代。这个时代涉及哪些物理学知识？半导体和互联网是怎么走到今天的呢？区块链和比特币又是什么？

一、电磁波的发现

　　首先，信息化时代是建立在电子时代的基础之上的。电子时代的最大特点是"一切都是电器化的"，这是有别于过去的蒸汽时代和电气时代。

　　谈到电子设备，就不得不提电子设备的鼻祖——无线电通信和有线网络通信。无线和有线通信包括电报、电话等，这些发明基于19世纪下半叶电磁学的发展，即电磁波的发现。电磁波是一个非常了不起的发现，其应用的革命性远远超过了蒸汽机、内燃机、发电机和电动机。电磁波通信是由第二次工业革命后的新发现开启的，我们需要特别感谢法拉第、麦克斯韦和赫兹这三位物理学巨人的贡献。

信息革命——第三次工业革命

无线电波　　　红外线　可见光　紫外线　X射线　　γ射线

· 电磁波的各种应用

　　麦克斯韦的电磁学工作，主要基于法拉第的实验以及法拉第关于"场"的概念。麦克斯韦写下了一组方程式，突然发现这组方程式有一种波的解，即当时的电磁波。麦克斯韦还发现，电磁波的传播速度与光是一致的。到了20世纪初，爱因斯坦发现电磁波的速度，也就是光速，实际上是宇宙中的最高速度。那么电磁波通信就会成为速度最快的通信方式。到了1888年，赫兹终于通过实验证实了电磁波的存在。不过10年，电磁波就已经应用到通信领域了。

二、计算机的发明与半导体技术的发展

电子时代还有另一个先声——最原始的计算机的构想。这个想法的雏形是古老的算盘。出现在2500年前的算盘，是人类最早的计算工具。

1674年，德国数学家莱布尼茨抱着将人从繁重的计算任务中解放出来的想法，制造出手动计算机。尽管莱布尼茨的手动计算机只能做简单的四则运算和开方运算，这在当时也已经是相当伟大而实用的发明了。

到了1821年，也就是第二次工业革命前夕，一个叫查尔斯·巴贝奇的英国人常买各种各样的数学用表看。他发现，许多数学用表中隐藏着错误。如何纠正这些错误？他要发明一台自动计算机，而这台自动计算机不仅可以做加法运算，还可以做乘法、减法和除法。按照现在的说法，巴贝奇设想的这台自动计算机就是"通用计算机"，可以做任何人类想象得到的运算。

1837年，巴贝奇成功将首台用于通用目的的计算机制造出来。这台计算机在某种意义上甚至是"图灵完备"的。"图灵完备"是一个专业术语，是英国数学家图灵在第二次世界大战前提出的概念。也就是说，你只要给它一定的指令，它必定能将指令任务执行完毕。因此，巴贝奇发明的计算机就是所谓的"图灵机"，也称"通用计算机"。

又过了100年左右，1946年，第二次世界大战刚刚结束，第一台通用电子计算机"ENIAC"问世。它具备现代计算机所拥有的主要结构和功能。

这台计算机有四位主要设计师，其中之一是我们在中学数学课本上见过的数学家冯·诺依曼。另外值得一提的是，总设计师约翰·埃克特在当时年纪轻轻，只有25岁。在今天看来，这台计算机是一个庞然大物，重达31吨，长30.5米，高2.4米，宽6米，基本上是由电子管构成的。电子管是由玻璃制成的、真空的电子

· 二极管有单向导电功能

器备，现在已经很难看到了。这台计算机含有17648根电子管，这是一个非常精确的数字。今天，这台计算机已经变成供大家参观的展品了。

1954年，第一台电子计算机问世8年后，第一台晶体管计算机出现了。再过4年，IBM公司发明了第一台全晶体管的计算机。所谓晶体管，它的功能与真空管一致，只不过，它不是由抽真空的玻璃制成的，而是在硅的晶片上被制造出的二极管和三极

信息革命——第三次工业革命

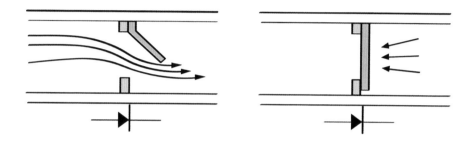

· 二极管在电路中起到开关作用

管。二极管和三极管分别在电路中起到开关和放大的作用，这恰好是计算机需要的功能。

计算机的开关类似算盘上的算数珠子，代表了0和1，也就是莱布尼茨发明的二进制中的两个重要数字。而放大功能，是指把输入信号的电压或功率放大。

一台计算机包括两个重要部分，一个是储存器，就像是厨房中存放着的粗糙食材的食柜；第二个重要部分是中央处理器。中

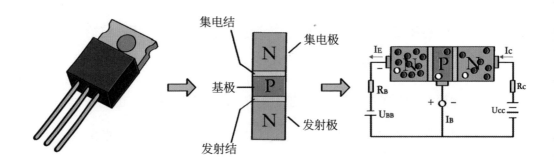
央处理器就像厨房里的砧板和刀，用来处理粗糙的食材，把它们做成饺子馅儿、饺子皮，最后包成饺子。实际上，中央处理器负责做加减乘除以及其他的运算。今天的计算机除了可以进行这些基本的算法，还能展示影像、声音等，但实际上，所有这些功能都可以被还原成简单的加减乘除。

与过去的时代相比，尤其是与第一次工业革命、第二次工业革命相比，电子时代究竟"新"在哪里？我喜欢用一个简单的

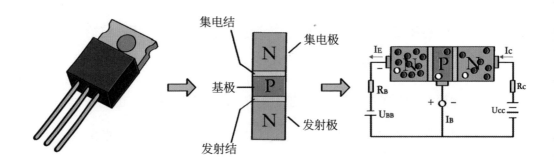

· 三极管有放大信号的作用

物理学观点来解释这个问题：我们可以把第一次工业革命和第二次工业革命看作能源革命，也就是人类开始利用能源，不论是煤炭、石油能源还是电能，这些能源把我们从繁重的劳动中解放出来，这是第一次工业革命和第二次工业革命的重要特点。

而第三次工业革命，也就是电子时代和计算机时代，或者网络时代，是一场信息革命。至于信息革命的基础，除了上文谈到的麦克斯韦等人的关于电磁现象的理论和总结，还建立于量子力学的理论框架之上，因为在晶体管，特别是大规模集成电路中，量子力学是无所不在的。

除了计算机，电子时代还有许多伟大的发明，比如电视机、电影等。今天的电视机与最初的电视机早已是天壤之别，并已经同计算机和手机没有太大区别了，它基本采用集成电路、液晶显示甚至更高端先进的显示方式。

电子时代的大功臣非半导体技术莫属，半导体技术也被称作"微电子技术"，可以将二极管、三极管缩小至肉眼不可见的

程度。现在，一个大规模集成电路也只有指甲盖大小了。

集成电路规模的发展遵循摩尔定律。1965年，英特尔公司的创始人之一戈登·摩尔提出：每隔一年半到两年，大规模集成电路可容纳的元器件（也就是二极管和三极管）数目会增加一倍。当然，每隔一年半到两年，同样大小的芯片的价格会降低一半。

经过几十年的发展，计算机更轻便，也更强了。

三、网络发展史

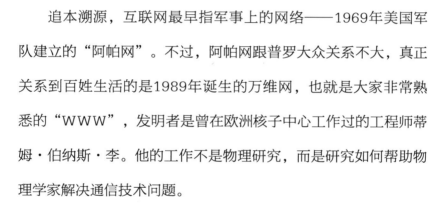

　　追本溯源，互联网最早指军事上的网络——1969年美国军队建立的"阿帕网"。不过，阿帕网跟普罗大众关系不大，真正关系到百姓生活的是1989年诞生的万维网，也就是大家非常熟悉的"ＷＷＷ"，发明者是曾在欧洲核子中心工作过的工程师蒂姆·伯纳斯·李。他的工作不是物理研究，而是研究如何帮助物理学家解决通信技术问题。

　　万维网进入中国的时间较晚，大概在1997年。万维网的应用需要在计算机的终端上安装一些便捷的应用程序，就像今天的手机App，比如浏览器。最早的浏览器是1991年由美国明尼苏达大学开发的"Gopher"。1991年我从美国西部搬到东部，正好用上了Gopher。那个时候，Gopher的用法无非是浏览他人发布的图片，即最早的资源共享。除了共享照片资源以外，Gopher还会带来新闻，并提供一些在今天看来相当原始的网站。现在，这些最早的网站已经消失了。

2年后，我又从美国东部搬到了美国中西部的芝加哥，那时Gopher已被一款新浏览器取代，也就是著名的"Netscape"。但Netscape的寿命同样不长，不久后就被微软公司的Internet Explorer取代了。

互联网的发展非常迅速，1999年回国时，我发现北京已经有成千上万的人开始上网。不过那时人们通过拨号上网，而不是像现在这样使用宽带。

在过去10年里，人们对互联网的重新定义是非常了不起的。大家耳熟能详的乔布斯对互联网的发展起到了巨大的推动作用。2007年，乔布斯的苹果公司推出了划时代的智能手机——iPhone。智能手机的出现改变了全人类的上网习惯。

互联网今后的发展方向是难以预料的，不过毫无疑问，今天的移动互联网已经主宰了我们的生活。外出时，无论是喝咖啡、与朋友交谈还是聚餐，我们和身边的人几乎无时无刻不在用手机刷微博或朋友圈，而移动支付方式的出现也极大地改变了人们的消费习惯。

· 互联网连接了大众

四、区块链和比特币

最后谈谈有可能影响第三次工业革命，也就是电子时代的一种重要技术和现象——区块链技术，以及将区块链作为底层技术的虚拟货币——比特币。

实际上，神秘的区块链就是一个共享数据库。简单理解区块链，只需掌握它所具备的几个特征关键词：去中心化、公开透明、集体维护、全程留痕、不可伪造。

后面三个关键词从字面上都是很好理解的，我们要重点学习"去中心化"的含义。"去中心化"是指，区块链技术不存在通过权限高于各节点的信息中枢进行对信息的管控，而是各个节点自行管理信息，包括自我验证和信息传递。

上述特征使区块链在解决信息不对称的问题上发挥着很大的

作用，形成合作者之间的信用体系，从而保障合作各方的利益。我国将区块链视为核心技术自主创新的重要突破口，我个人也认为，区块链技术给人类生活带来的影响，可能与计算机、智能手机以及互联网一样重要。

那么，与区块链技术息息相关的比特币又是什么？比特币是虚拟的，但持有者们相信，它比纸币以及各个国家银行所发行的货币更加可靠，这是为什么？

比特币是一种加密货币，可以在对等方之间进行信息存储和交换。比特币从一台计算机转移到另一台计算机，其中所有交易都由区块链验证。

举个例子：假设一群人在一个房间里，我和你正在做剪刀石头布的游戏，将每一回合的胜负记数。我们要让整个房间里的人都知道胜负的记数，并且还要在他们的笔记本上记上一笔。这样，我赢的次数或你输的次数在整个房间里的笔记本上都有记录，大家都会承认这个结果。如果你想改变结果——你输给我的事实，那么你就必须劝说房间里的所有人改变本子里的记录。

比特币就拥有这样的信用体系，当一个人获得了一枚比特币，无论是通过网络挖掘还是通过交换得来，他获得比特币的事情会被记录在全部比特币持有者的账本上，这就导致修改个人的比特币持有记录是非常困难的，因为获得所有拥有比特币的人的首肯几乎是不可能的——这也是比特币的可靠之处。

我们都知道，当前国际通行的主流货币都是通过特定的货币机构发行的，那么虚拟货币是如何生产的呢？

比特币是依据特定算法，通过大量的计算产生的。有些人甚至专门成立了公司来挖掘、开采比特币，他们需要大量的电力和计算资源。

同时，比特币的数目拥有上限，也就是说，全世界只有2000多万枚比特币。比特币的上限使其像黄金一样珍贵，甚至比金子的价值更高。而比特币所依托的区块链技术，其发展会渐渐超出货币范围，影响整个人类社会。

上文提到的区块链的特征，肯定了其在维护交易信用方面所

起的作用，但我们对待区块链理财仍需保持谨慎。此前发生的区

块链安全事故，就是对区块链安全风险的警示。

· 比特币

第 5 章

第三次工业
革命后期

现在，我们正处于第三次工业革命的后期。这个阶段突出表现有三种：虚拟现实、可回收火箭、纳米科技。这些新技术并不像蒸汽机、内燃机以及计算机那样具有颠覆性，但它们都是科技发展到一定程度的新一代的成果。

一、虚拟现实

虚拟现实的英文是"Virtual Reality"，"Virtual"是"虚拟"的意思，"Reality"是"现实"的意思。虚拟现实的定义可以追溯到好几个世纪之前，也就是哲学家勒内·笛卡儿著名的论断——"我思故我在"。这句话的意思是：我思想，所以我存在。笛卡儿的哲学是从怀疑论开始的，也就是怀疑我们所看到的世界是否是真实的，甚至包括"我们自己"本身是否真实存在。

笛卡儿说，假定我们看到的、听到的、闻到的东西都是虚幻的，是魔鬼捉弄我们的把戏，可是我们在思考，我们对真实本身的怀疑是存在的，既然存在这样的怀疑，那么怀疑的思想也存在。所以笛卡儿得出结论，我们是真实存在的，因为我们在思考。这场著名的思想实验，就是笛卡儿对我们所生活的世界是不是虚拟现实的怀疑。

到了20世纪，有人将笛卡儿的怀疑精神论做成了具象化的思维实验——"缸中之脑"。电影《黑客帝国》中的场景与之非常相似：尼奥等人浸在缸里，缸中的营养液保证他们得以生存，同时，他们身上插了很多管子，这些管子通向一台巨大的计算机，而这台计算机创造出了一个虚拟世界，尼奥等人认为自己正真实地生活在这个世界里，这个世界就是黑客帝国。这是"缸中之脑"在影视上的实现，也就是虚拟现实。

在"缸中之脑"思维实验之前，著名作家阿道司·赫胥黎就在他1932年创作的《美丽新世界》一书中幻想，600年后，即2532年，整个世界被一家公司统一了，所有人都住在城市里，人类拥有高水平的物质生活以及共享经济，这就是一个美丽新世界——乌托邦。但遗憾的是，乌托邦里的一切都是按部就班的，我们人类不再拥有自由意志了，这其实是非常可怕的。这个乌托邦设想也是一种虚拟现实。

到了1955年，摄影师摩登·海里戈设计出了《美丽新世界》

中虚拟现实头戴式设备的原型图。8年后，也就是1963年，著名科幻作家雨果·根斯巴克在杂志《生活》中，对虚拟现实设备进行了设想，这个设想与我们现在用的头盔非常类似。需要注意的是，这位雨果与撰写《悲惨世界》的维克多·雨果并不是同一个人。雨果·根斯巴克被誉为"科幻杂志之父"，作家刘慈欣、郝景芳获得的年度科幻小说奖——"雨果奖"，正是以他的名字命名的。

雨果·根斯巴克设想的虚拟现实设备，是一个戴在头上的眼镜。很快，在1968年，也就是雨果设想的5年之后，这个设备就诞生了，名为"达摩克利斯之剑"。这款眼镜已经与今天的虚拟现实设备非常接近了。没人知道创作者为何这样给设备命名，或许是预言未来的虚拟世界，抑或认为，它是现实世界的毁灭者。

到了1985年，虚拟现实设备已经被NASA（美国航天航空局）应用了。它被用于提升航天员的训练质量，使他们有一种身临其境的感觉。在航天员的训练项目中，其中一种是失重，也就是让航天员失去万有引力的作用。以往进行这项训练时，航天员需要进入水里。由于人的密度与水的密度非常接近,所以当人在水池上漂浮时,身体的重量几乎与水的浮力相抵消了,因此,航天员就感受不到重力了。而虚拟现实设备不仅使航天员感到失重,还能让他们拥有进入太空的临境感,并且增强了太空环境的现实感。

美国的计算机科学家杰伦·拉尼尔被誉为"虚拟现实之父",他在20世纪80年代初提出了"虚拟现实"的概念。1986年,他发

明创造出了世界上首台消费级VR设备。到了20世纪末，虚拟现实设备开始进入规模化普及阶段。

那虚拟现实设备都有哪些？虚拟现实的视觉技术，是用摄像头拍出许多不同角度、不同纵深的画面，然后将它们叠加起来。要看到这些画面，我们通常需要戴头盔。戴上头盔后，当我们转头时，计算机会根据我们转头的不同幅度呈现出不同的画面，让我们从不同的角度看到虚拟场景，仿佛身临其境。

听觉是3D（三维空间）头盔重点解决的问题。当我们的头摆动出不同幅度、角度的时候，我们的耳朵会听到来自不同方向的声音，于是模拟立体声的问题也被解决了。然而触觉的问题就不太好解决了，所以虚拟现实的装置要我们戴上手套，手套中的一些成分会振动我们的手，让我们感到自己似乎摸到了些什么，由此模拟了触觉。当然，设备还需要模拟嗅觉和味觉。我们知道，将设备装在舌头和鼻子上非常困难，也会给我们带来不便。其实，戴上头盔就已经很不方便了。因此，虚拟现实目前尚未普及，毕竟戴着头盔走路是相对困难的。

第三次工业革命后期

现在，有一种设备是虚拟现实手机盒，通过手机呈现3D内容。这台设备的价格相对便宜，在使用上也较为方便，所以使用者最多。

还有虚拟现实一体机，只是，一体机的发展处于初步探索期，功能体验还有待提升。现在，虚拟现实设备的发展并不完善，虚拟现实游戏或虚拟现实电影通常要达到800万像素，画面才会非常清晰，这是我们力所不及的。

接下来，我们谈谈虚拟现实设备对人类的影响。首先是积极影响。在肉体进入太空之前，人类的意识可以先进入太空，在虚拟现实里进行星际旅行。同时，虚拟现实技术也为信息传播开辟了新世界，让人有强烈的浸入感。刘慈欣的著作《带上她的眼睛》，就讲一个人沉到地核中，再也不可能重返地面，但是通过虚拟现实技术，她还可以看到地面上的事物。

同样地，社交也可以通过虚拟现实设备延展。比如，你与老友许久未见，他很忙，你也很忙，无暇坐飞机会面，这样的话，你们带上虚拟现实设备就可以来到一个虚拟场景里约会、喝茶、吃饭等。娱乐领域同样可以通过虚拟现实得以延展，比如打游戏、旅行，甚至虚拟现实穿越回现场观看赤壁之战、淝水之战等历史大事件。

此外，将来还会有虚拟现实的图书，孩子们可以通过虚拟现实进行深入阅读体验。未来，我们也不需要复原恐龙，只要通过虚拟现实穿越，照样可以安全地观察恐龙而不会有生命危险，甚至可以与恐龙互动。

当然，现在的虚拟现实技术也存在着缺陷和隐患。当多人一起戴上虚拟现实设备玩游戏时，有可能因不清楚双方的距离而误伤朋友。比如，玩打拳游戏时，每个人的出力点是不一样的，伤害到他人的可能性很大，而且我们自身也可能在做动作时被尖锐的物体划伤。

另外，我们在虚拟现实中看到的事物会影响大脑对环境的判断。在一些特殊情况下，使用者的身体会失去平衡，甚至摔倒。长时间佩戴虚拟现实设备，不论是眼镜还是头盔，都会对身体产生负面影响。

对于虚拟现实技术的发展，非常重要的一点是，我们绝不能让VR技术被别有用心的人利用。曾有一家做虚拟现实的公司对我说，他们要做出使人上瘾的虚拟现实游戏，让在现实生活中失意的人来到虚拟现实世界，他们上瘾以后就不愿意再回到现实世界了。这是对科技的滥用，后果不堪设想。因此，虚拟现实技术在得到普及前，还需有相关法规细则予以约束，我们要耐心等待。

常与虚拟现实相提并论的技术还有两个：AR和MR。

AR的全称为"Augmented Reality"，意思是"增强现实"，在真实的环境里增加虚拟成分。比如，在现实生活中，桌子上原本没有水果，而通过增强现实技术，戴上AR头盔或其他设备后，我的桌子上就会突然出现一盘水果。

增强现实系统是真实世界和虚拟信息的集成，具有实时交互性。AR技术已经被应用于人们的生活中。比如，在医疗领域，

· 增强现实

人们需要练习做外科手术，这时AR技术可以为医生提供虚拟的人体或器官，从而进行解剖或者手术。在军事领域，同样可以通过AR技术模拟战场来训练士兵。

MR的全称为"Mix Reality"，意为"混合现实"。与增强现实不同，混合现实技术并非在真实的场景里叠加虚拟信息，而是将虚拟事物与真实世界完全混合在一起。目前看来，这是一个较为新颖的概念。

二、大航天时代：
可回收火箭

第三次工业革命中，航天技术的突破对人类科技的发展历程至关重要。

中国航天历史上的火箭一直是"长征"系列的，最早发射的火箭是1965年的长征一号。长征一号在1965年启动研制，在1970年发射了中国第一颗人造地球卫星——东方红一号。

接下来是长征二号，而"长征二号"仅仅是一个序列的名称，其中包括长征二号甲、长征二号乙等。后来，又有长征三号、长征四号、长征五号、长征六号等。长征六号分别于2015年9月和2017年11月以一箭二十星和一箭三星的方式圆满完成两次飞行试验。此外，还有更高序列的火箭已经发射成功，比如长征十一号。

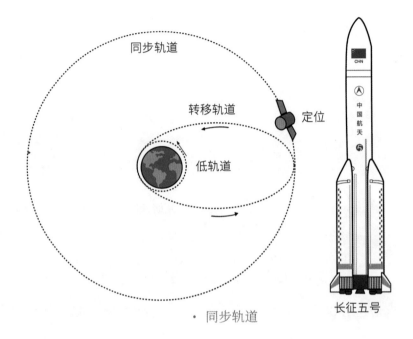

· 同步轨道

长征五号

　　以长征五号为例。长征五号是一个具有划时代意义的火箭，它非常庞大，重量约为9架大型飞机的重量之和，直径达5米左右。

　　同时，长征五号具有极强的运载能力。如果计划将目标发射到近地轨道——离地球表面不到2000千米高的地方，长征五号的运载能力可达50吨以上。这时，我们需要了解一个概念——同步轨道。根据牛顿的万有引力定律，航天器绕地球飞行时，在不同高度的轨道上，它们运行的速度各不相同。当达到一定高度，航天器绕地球转动的速度与地球自转速度一致时，这个位置就是同步轨道。

如果要将航天器发射到距地球表面约6万千米的同步轨道上，那这意味着要把许多载荷发射到同步轨道上，需要功能很强大的火箭才能完成，而长征五号正是为此而生。当然，它还被赋予了探月任务。

在了解我国的长征系列运载火箭后，你一定会好奇，火箭这个庞然大物是如何飞向天空的？其实，火箭发射的原理非常简单。大家小时候都玩过鞭炮，鞭炮就可以理解为是一种最简单的火箭，当鞭炮飞起来的时候，利用的就是炸药爆炸的反作用力。

齐奥尔科夫斯基公式说明了火箭达到的速度与其消耗的燃料数量的关系。火箭中的燃料燃烧时，会向地面发射气体，而为了保证动量守恒，这时火箭就会升离地面。

· 鞭炮和火箭都运用了反作用力

回顾火箭的发展历史，就必须要提到美国工程师罗伯特·戈达德。

现在，美国的马里兰州建有"戈达德太空飞行中心"，以此纪念戈达德的杰出贡献。戈达德于1882年出生在美国，他从小身体不好，常在养病期间研究自己感兴趣的空气动力学，判定太空飞行是可行的。早在1914年，戈达德就申请了两项专利，他认为只有多级液体燃料火箭技术才能挣脱地球引力。

从后来的火箭发展史来看，戈达德是一位非常有远见的科学家，并且他的观点是正确的。现代火箭大多使用液体推进剂。当然，火箭的推进剂除了燃料以外还有氧化剂，起到帮助燃料燃烧的作用。通常，燃料和氧化剂都是固体，也有燃料是液态的、氧化剂是固态的情况，抑或二者相反。

到了1919年，他用一篇论文《到达超高空的方法》详细地将自己的研究公之于众。同一时期，德国和苏联都在研究火箭。在德国，赫尔曼·奥伯特在海德堡大学也提交了一份关于火箭的博士论文，比戈达德晚了10年，但他的研究被否定了。于是，奥伯特在第二年自费出版了一部著作《飞往星际空间的火箭》。

而在苏联，1929年10月，星际旅行研究学会诞生于一个名叫"莫斯科军事学院"的苏联学会。学会举行了一场主题为向月球发射火箭的可行性的公开辩论，那个时候，苏联人也意识到他们需要制造一枚液体燃烧火箭。而在这场制造火箭的竞赛中，美国率先取得进展。

1926年3月16日，戈达德在马萨诸塞州监督了第一枚液体火箭的发射。然而，这枚火箭没能射向月球，飞行仅持续了2.5秒，最大高度也只有12米，然后就坠毁了。于是，戈达德意识到他要改良火箭，必须稳定火箭的飞行方向，必须加以螺旋控制。

然而3年后的1929年，他的对手——德国人奥伯特却追赶了上来。奥伯特在一次稳定测试中成功展示了一款飞行较为稳定的火箭引擎，后来，他的学生韦纳·冯·布劳恩取代了他成为火箭发展的重要领导者。

随着全世界都在为战争的到来做准备，各国政府及军队都对火箭越来越感兴趣。1933年的苏联，在另一位重要的火箭科学工程师谢尔盖·帕夫洛维奇·科罗廖夫的指导下，进行了火箭发射试验。而德国在1933年开始研发V-2火箭，在1934年成功地进行了第一批V-2火箭的发射试验。

不过，经历了早期的成功之后，布劳恩的团队也遭到了阻碍，但希特勒并不关心。只是当第二次世界大战即将结束、盟军取得很大优势的时候，希特勒才想起布劳恩。于是V-2导弹的研究得以重新推动，在1944年取得了巨大成功。

　　1944年的V-2火箭是世界上第一个弹道导弹，当然，它并没有帮助当时的纳粹德国赢得战争的胜利。但是在第二次世界大战结束后，美国和苏联都抢先争夺德国的火箭工程师，双方都想重新发射V-2导弹。二战后，美国与苏联在火箭发射上取得的成功，都基于德国的V-2火箭，或者是V-2弹道导弹。1946年，在新墨西哥州的白沙导弹试验场，美军成功发射了V-2弹道导弹，并拍摄了首张太空照片。这是人类第一次从太空中看见自己居住的星球——地球是曲面的。

　　苏联也不甘落后。到了1957年，苏联人在改进V-2弹道导弹的基础之上，成功发射了第一颗人造地球卫星。而4年后的1961年，苏联人把尤里·阿列克谢耶维奇·加加林送入太空，这个举动震惊了整个西方世界。但众所周知，最终，这场激烈的航天竞赛最后还是美国人笑到了最后。1969年8月，NASA用土星五号运载火箭将人送上了月球，迈上了人类的一大步。

　　另外，"可回收火箭"是近期的热门话题，这是一个大胆的设想。早在1990年，麦道公司就提出了这个设想，并在1991年开

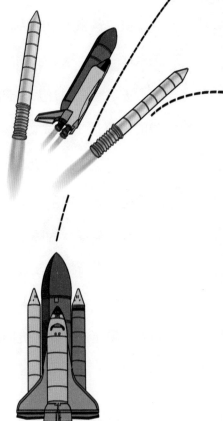
始试验可回收火箭。2004年，英国的维珍银河公司首次成功测试

可回收火箭。而SpaceX公司在2016年成功实现了"猎鹰9"火箭

的第一级软着陆。可以说，可回收火箭是人类历史上大胆的实验

之一。

　　人类科技史上有很多重要进展。农

业革命之后，第一次工业革命的蒸汽

机、第二次工业革命的内燃机和发

电机，以及第三次工业革命的计

算机陆续问世。而我认为，除了

这些伟大发明以外，可回收火箭

可谓人类最大胆的革新与尝试。首

先在技术上，可回收火箭对人类现有

的技术提出了极致的突破性要求。

　　而在经济上，它也十分重要。

为什么？发射一枚火箭通常需要花费

几亿甚至数十亿人民币。一枚火箭只进行一次飞行，性价比偏低。如果我们能把火箭的本体回收，从而继续利用、多次发射，就可以节省很多成本。坦率地说，阻碍航天发展的主要因素，就是火箭成本和燃料成本。当然，燃料成本的改进还有待展望，但可回收火箭技术发展迅速。也许就在这个世纪，再过20年，人类的航天事业就会像1944年、1957年那样再次取得突破性进展。

· 可回收火箭的一级火箭可以重复利用

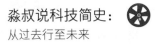
三、纳米科技

人们对纳米科技的讨论热潮，早于虚拟现实10年之久。那么，什么是纳米结构？纳米结构材料又是什么呢？

首先，我们要了解纳米的概念。纳米是长度的度量单位，1纳米等于10^{-9}米，即十亿分之一米。十亿分之一米是什么样的概念呢？我们知道，1米缩小到千分之一是1毫米，那么1毫米再缩小到千分之一是1微米，微米再缩小到千分之一，就要以纳米为单位了。而长度到了微米单位，已经是肉眼不可见的程度了。

通常，人的肉眼能看到的头发丝的直径约为0.1毫米，也就是100微米。1微米究竟多小？1微米的级别相当于细菌的级别，也就是说，细菌比纳米还要大1000倍。

再从原子、分子的角度出发，1纳米又是怎样的概念？以氢原子为例，氢原子的半径是0.5个原子单位，原子单位是一亿分之一厘米，也就是一百亿分之一米。与氢原子相比，1纳米要大10倍。换句话说，1纳米可以含有20个氢原子。至于其他原子，通过量子力学可以算出，它们与氢原子的大小相差无几，即十分之一纳米或二十分之一纳米。

在1纳米的线性尺度上，我们可以看到20个原子。如果将纳米置于二维角度，1纳米乘以1纳米这个范围中有多少原子？也就是20的平方，即400个原子。更精确地说，是100—400个原子。

但现实世界是立体的，如果从立体空间来看，1立方纳米的空间中包含多少个原子呢？这一原子数量也同样存在区间：10的三次方到20的三次方。那么，10的三次方是1000个，20的三次方则接近10000个。

我们到了纳米级别，就相当于接触到了宏观物体。宏观物体包括立体的事物，比如，一块石头就是立体。宏观物体也包括二维的事物，即平面物体。举个例子，一张极薄的纸，或一块薄到厚度可以忽略不计的布。也包括线性的物体，比如一根宽度可以忽略不计，能用于测量长度的线。

纳米材料同样可以按照材料的维度分为三类。将原子置于纳米结构中，纳米排列出一个个立方体，叫作"纳米块体"。这是一个三维物体。从二维角度看，将纳米的基本组成部分进行排列，形成的膜状物体叫作"纳米膜"。一维的纳米材料是"纳米纤维"，再后来则是"纳米粉末"。与我们平时抓一把泥土时，手中的每一个颗粒都在微米及以上的情况不同，一把纳米粉末里的每一个颗粒的大小都是1纳米左右。

接下来讲讲纳米材料的三个特性。

首先，纳米材料具有良好的散热特性。一颗纳米粉末的表面积数值，一定比它的体积数值大很多。因为，纳米材料的表面积通常与线性尺度的平方成正比，体积则与线性尺度的立方成正比。表面积除以体积得出的数值，是与粉末的线性尺度成反比的。因此，线性尺度越小，纳米材料的面积与体积之比就越大，也就是面积看起来很大。因此，纳米材料的散热性较好。

第二，纳米材料具有较好的光学特性。纳米材料相对较大的表面积易于吸光，因此，由纳米颗粒组成的粉末通常都是黑乎乎的，因为它们把所有光线都吸收了。同时，纳米材料不仅可以吸光，吸光的方向还会向短波方向移动。

第三，纳米材料的活性较大，可以作为催化剂。

那么，纳米材料有哪些应用呢？

纳米材料具有良好的热学特性，这一特性的应用途径颇多。例如，闻名世界的中国陶瓷都是用高岭土烧制而成的。高岭土的烧结温度非常高，对这一温度的掌握难度较大。烧结温度是指，当材料被烧制到接近熔点但未达到熔点时，发生了物理、化学方面的变化时的温度。

因此，如果使用纳米微粒组成的材料烧制陶，那么由于纳米材料的表面积相对于体积较大，它的烧结温度就会降低很多，更易于烧制——因为纳米材料的表面散热很快。比如"纳米

铝"。普通铝的熔点为660摄氏度左右，而纳米铝的熔点则仅有

100摄氏度左右。

由于纳米材料具有光学特性，纳米粉尘可以用来做涂料。比

如，由于纳米材料能够吸收更短的波，因此可以将纳米粉末涂在

金属上，从而使金属吸收无线电，并不被雷达探测到。

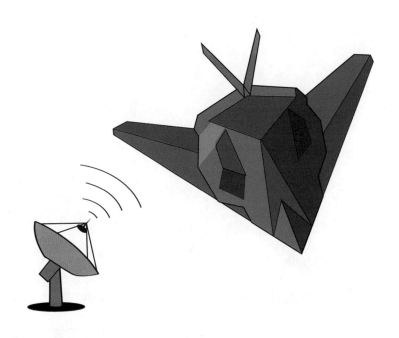

· 隐形飞机不会被雷达探测到

　　再者，纳米纤维的表面积大，活性强，甚至有量子效应。未来，纳米纤维可能会在人类对量子计算机的研究制造上出一份力。此外，纳米纤维在工业和医药领域也具有很广泛的应用价值。

　　纳米膜可以作为一种对物质进行过滤的分离技术。在化学上，我们可以用纳米膜将两种不同的化学成分分离出来。比如，用纳米膜去除水中的有机物，对水进行净化，也可以进行软化。

　　而相对于纳米粉末和纳米膜来说，纳米块体更为常见，应用也更加广泛。由于表面积的作用，纳米块体的韧性较大，可以被制成超高强度的材料，或智能金属等。

　　由此可见，纳米粉末、纳米纤维、纳米膜和纳米块体的应用，都利用了纳米材料表面积的特性。纳米技术可以运用到化纤布料行业，这将对我们的生活有很大改善。同时，纳米技术也可以用在冰箱、洗衣机等电器中，通过制成纳米抗菌材料，起到抗菌、清味和保鲜的作用。此外，纳米技术也可以应用到食品制造业。

　　而在医学领域上，纳米技术将同样发挥重要作用。例如，我们将在未来发明出纳米机器人，把它放在药丸中，人们吃下后，纳米机器人可以在人体内攻击病变细胞，或修补损伤组织，以及预防移植器官后的排异反应。而纳米管在未来建造太空电梯等航天设备时也会发挥重要作用。

　　纳米技术还可以应用在娱乐领域。纳米互联网能够让互联网延伸至现实世界，例如短距视频信号无线通信、实时定位、传感器等应用，其中，传感器在人们未来的日常生活中发挥作用会越来越大。有两部涉及纳米技术的电影，一部是《特种部队：眼镜蛇的崛起》，里面提到向埃菲尔铁塔发射纳米导弹；另一部是《毁灭战士》，电影中展现了非常坚固的纳米墙。

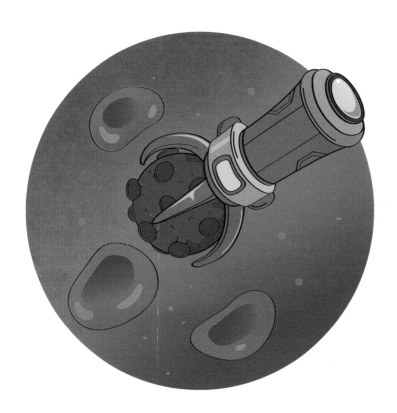

· 纳米机器人可以在人体内攻击病变细胞

第 6 章

信息时代的未来

　　智能技术改变了人类的未来。机器人的产生
会给人类带来怎样的变化？人工智能在哪些地方
强于人类？又在哪些地方弱于人类呢？3D电影是
如何制作的？无人驾驶和量子通信何时会实现？

一、智能化

在过去几十年间，人类航天技术的发展速度相对较慢。航天技术的主要瓶颈究竟在哪里？答案是能源。目前，航天火箭等使用的仍然是普通的液体或固体燃料。这是因为，可以作为新能源的安全的核能来自受控核聚变，但我们尚未在这项实验上取得成功。

为什么计算机、智能技术在过去几十年间的发展速度突飞猛进？因为它们遵循了一个重要的定理——摩尔定律。每过18个月或者2年，电子技术发展水平就会翻一番。这是能源的发展暂时无法企及的，航空领域的其他技术同理。

要理解智能技术为人类生活带来的变革，这里有一个简单的例子。一座综合性发电厂可以用传统的石油或者煤炭，也就是化石能源发电。同时，它也可以利用风能、水能、太阳能发电。如何分配风能、太阳能或水能所占的比例？

这是非常困难的，因为我们无法预测天气状况。同时，天气预报也难免与多变的实际情况不符，如果发电过程中风突然停了，可大家又必须用电，这时候就只好启动传统的火力发电。而马上切换到火力发电是不切实际的，因为火力发电机在投入使用前，设备需要空转一段时间以做准备。如此一来，期间的能源浪费是必然的，而智能技术会对此发挥重要作用。

美国科罗拉多州东部有一个非常开阔的平原，在附近的小镇上，人们建造了数百个涡轮机，因此每家公司都可以知道风将在何时停止与再起。这样，风力发电厂就可以与火力发电厂相配合，进行最佳的能源调度，从而降低能源浪费。

智能太阳能又会给我们的生活带来哪些改善呢？这同样很好理解。通常来说，一些住在顶层的人家可以用太阳能电池板供电给自己家烧水。这样做的好处在于，晴天时，阳光会照在太阳能电池板上，产生的电能可以给家里的洗澡水加热。但阴天时洗澡

太阳能电池板

水就不热了，人们不得不用其他方式给洗澡水加热。

不过，现在有一种非常便捷的智能太阳能设备，可以测量每时每刻的太阳能情况：照射到电池板上的太阳辐射大小。设备在阴天会显示为"0"，大晴天则显示"100％"。当显示为100％的时候，我们就可以完全利用太阳能加热水温，同时给蓄电池充电。到了阴天的时候，虽然不能直接利用太阳能加热水，但控制器可以启动蓄电池，从而释放电池存储的太阳能以加热水温。因此，我们可以通过这种智能设备对太阳能进行充分利用，而不是"看天吃饭"。

未来，太阳能将会有更多用处。比如，我们人类可以在太空利用太阳能发电。太空中没有云彩，更不存在雨云，可以充分利用太阳能发电。当然，这一方法的实现还需仰仗航天事业的发展。

同时，共享行业也越发智能化。共享打车、共享单车也在城市中随处可见了。

现在的共享单车公司可以通过智能系统对用户和单车的位置，进行每时每刻的监视，以防单车的丢失。曾经，重庆的一家小型共享单车公司只有1000辆车，可是没多久，自行车全部失踪了。原因在于，这些自行车的锁不是智能锁，很容易被人开锁后据为己有。而现在的共享单车不仅配有智能锁，还装置了智能跟踪设备。

智能技术还可运用到"跟踪经济"上。什么是跟踪经济？以市面上某家智能风力发电公司为例。曾经，这家公司无法得知风车的具体购买者，因此不能进行产品跟踪，对风车损耗及使用状态都一无所知。后来，它在风叶上配备了传感器，从而能够收集每天的数据，也得知了售出的风车在世界上的分布位置。由于风力越好的地方风车越多，公司由此也了解了全球的风力分布。此外，售出的风力发电机是否需要维护与更新，公司也全部进行跟进，为顾客提供售后服务。于是，这家公司越做越好了。

还有更加贴近我们日常生活的智能技术。比如，新空调使用一段时间以后，我们不知道过滤网几时需要清洗，而为此打开空

调机查看是非常麻烦的。如果在空调上安装智能设备，我们就很
容易知道关于过滤网使用状态的信息了。如需清洗，智能设备不
仅会及时反馈，还会善意地建议顾客；如果自行清洗不便，公司
可以提供上门服务。

　　未来，智能设备的应用会越发广泛，我们的生活将越发
便利。

二、机器人与人工智能

1.机器人

可以说，机器人最早诞生于科幻作品中，而非现实。美国科幻小说家艾萨克·阿西莫夫著有一部关于机器人的短篇小说集——《我，机器人》。在书中，阿西莫夫提出了著名的"机器人三定律"：

第一条：机器人不得伤害人类个体，或者目睹人类个体将遭受危险而袖手旁观；

第二条：机器人必须服从人给予它的命令，当该命令与第一定律冲突时例外；

第三条：机器人在不违反第一、第二定律的情况下要尽可能保护自己的生存。

也就是说，假如我们出于某种原因请一台机器人回家，这台机器人会帮我们做家务，也可以运行人类预先设置好的程序，或者根据人工智能技术制定的纲领行动。

现代机器人的概念是从工业革命开始后发展起来的。也就是说，第一次工业革命之后，一直到第三次工业革命，机器人逐渐从理论变为现实。并且，第三次工业革命的重要特征之一是，机器人已经在一些工厂里代替人类工作。

机器人主要分为四种。第一种是仿人机器人，第二种是工业机器人，第三种是空中机器人，第四种是知识分享型机器人。

仿人机器人就是模仿人的形态和行为而设计制造的机器人。当今先进的机器人，能跑能走，能上下楼梯，甚至可以端茶倒水、踢足球等，行动敏捷灵巧。仿人机器人可以用于帮助残疾人和行动不便者，使他们的生活更加便利。

工业机器人指面向工业领域的机器人，世界上第一台工业机器人是由约瑟夫·恩格尔伯格于1959年研制出来的。与人类不同，一台全自动化的工业机器人不会受工伤，不需要吃饭、睡觉，也不需要假期，只需人类供给电力就可以不间断地进行工作。同时，工业机器人可以精确地计算出资源、材料的使用量，减少资源浪费，并提高生产质量。

空中机器人也称"无人飞机"。当然，无人飞机与我们遥控

请喝水，主人。

· 机器人可以使生活更便利

135

的、可以进行航拍的"无人机"是不同的。无人飞机的体积与真正的飞机相近，只是无人驾驶而已。通常，无人飞机比载人飞机轻巧，对环境的要求也较低。同时，无人驾驶的特点也使得无人飞机减少了战争中人员的伤亡数量。无人飞机可以用于规避导弹，并在避免雷达探测方面发挥重要作用。

至于知识分享型机器人，2016年的十大突破性技术中就有它的身影。知识分享型机器人可以完成学习任务，并将任务传送到云端，供其他机器人学习。知识分享型机器人的优点在于，人们不需要分别对不同类型的机器人单独编程，这样一来，机器人发展的脚步就会大大加快。

常有人问：机器人是否可能像人类一样自我繁殖？在我看来，这是有可能实现的。

首先，研究人员可以让两个机器人通过通信手段进行交流，使它们像人类一样选择配偶，再用通信手段发送各自的基因组，这样，就可以把速配好的机器人的基因组合起来发射到3D

打印机上。那么，这台经3D打印的新机器人，就是一种进化的机器人。

机器人对人类生活有着诸多积极作用。比起人类，机器人对环境的适应性更强，可以从事一些对人类来说危险系数较高的工作。比如，机器人可以代替人类进入下水道、山洞执行任务，甚至到遥远的太空、地下与深海里进行探索。同时，宠物机器人还可以帮助我们走出孤独、陪伴我们成长。

当然，机器人对人类也具有消极影响。比如，大量出现的机器人会取代人类劳动，从而使人们失去工作，特别是非创造型的、机械式的工作。

此外，为机器人设置的程序需要不断升级，而如果机器人要遵循阿西莫夫第一定律，也就是不能伤害人类，那么机器人则不能拥有自由意志，这使它很难进行自我升级，以至于执行指令时机械呆板、不甚灵活。并且，在完成指令后，机器人也不会进行反思。

2.人工智能

接下来，我们要从四个方面了解人工智能。

什么是人工智能。根据定义，人工智能就是人工制造出来的、可以通过智能技术帮助人类，或增强人类的能力的机器，且不一定局限于机器人的外形和样式。

而我们所说的人工智能，必须涉及脑力，比如具备计算等技能。因此，汽车不属于人工智能，因为汽车只是在速度、体力上超过人类，而非脑力。这是人工智能最简单的定义。另一种人工智能的定义指，一台机器像人一样拥有意识。这一定义则缩小了人工智能的范围，因为这对技术的要求过高。时至今日，这样的人工智能还没有出现，只能在小说和影视中看到。

其实，关于人工智能的想象，人类很早就开始了。希腊神话中，赫菲斯托斯的黄金机器人和皮格马利翁的伽拉忒亚在某种程度上都可以说是机器人。

我读过的两本有趣的科幻小说提到了人工智能的终极想象。一本是《光明王》，书里说，当人工智能发展到极限后，很有可能与人类合二为一。另一本小说是赛博朋克流派的代表作《深渊上的火》，描述了宇宙将在未来形成三个世界，其中第一个世界是最高的世界，宇宙中的速度没有上限，远远超过光速，而人类和人工智能已经接近了神的境界。

而早在1956年，美国达特茅斯学院在召开的学术会议上就正式提出了人工智能概念，这次会议可谓人工智能的正式开端。

在人工智能概念被正式提出后，人工智能经历了两次发展低谷，第一次是1974—1980年，第二次是1987—1993年。奇怪的是，我们很难找到这两次低谷的原因，并且巧合的是，两次低谷的时长均为6年。第一次低谷时，大型电脑已经问世，人们的研究重点在私人电脑上，或许私人电脑的发展占用了人工智能研究的部分资金。第二次低谷恰逢因特网大发展时代，同样地，大部分资源和人才都投入因特网的研究。

那么，人工智能有哪些分类？人工智能的分类有三种，一种是普通的人工智能，即弱人工智能。它们通常只能运行普通程

序，比如在装配汽车的车间里，每台机器只能做一个被设定好的

动作：装车门，或者安装一个刹车盘。

　　我们现在的普通电脑也具有人工智能，比如苹果系统里的

有了人的意识，
才算人工智能！

· 人工智能

Siri，我们可以与它对话，这是一种弱人工智能。此外，将语音消息转变成文字，也属于弱人工智能。

第二种是强人工智能，也就是已经与人类的能力相当，几乎

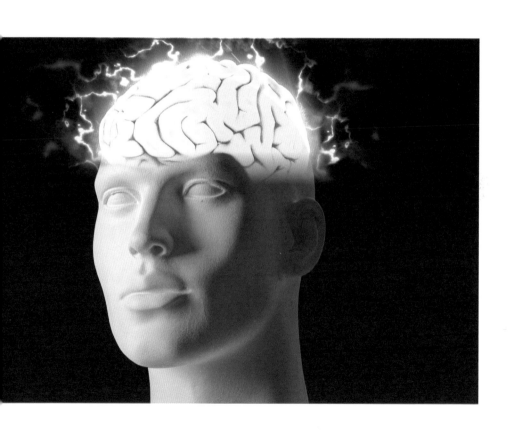

可以完成我们人类能做到的一切事情。

第三种是超人工智能，比人类更加聪明。坦率地说，目前为止，我们只开发出了弱人工智能。大家可能会有点疑惑：既然AlphaGo（一款围棋人工智能程序）下围棋可以战胜著名棋手柯洁和李世石，为什么它不属于超人工智能？我将在下文解答。

至于人工智能对人类的影响，我们要辩证地看待。AI带给人类很大帮助的同时，也具有潜在的威胁。

人工智能的积极作用大概有八种。

第一，实现交互。比如，乔布斯推出的第一部智能手机已经实现人机交互了。我们用手指触摸智能手机的触摸屏时，手机会做出相应的反应。这种人机交互不是通过大脑实现的，而是通过触感。此外，还有语音和手机的交互。这两种交互是最初期的。

随着人工智能的继续发展，更进一步的交互指日可待。除了触觉和听觉上的交互，我们常说的"五感"还包括视觉、味觉和嗅觉。视觉上的人机交互尚且无法实现，比如说，我们能看到电脑发出的光，但电脑无法看到我们眼睛发出的光，因为人类的眼睛是不发光的。同样地，味觉和嗅觉的交互也暂时无法达成。

此外，人类还具有第六感，也就是意念。意念的交互应该是终极的人机交互，也就是说，当我们产生一个念头的时候，人工

· 手机的语音交互

智能就可以察觉到。这就是人的大脑与人工智能的交互。

第二，人工智能在医疗方面发挥的作用。人工智能发展至今，已经可以为人类做手术了。手术之精确，有时甚至是人力所不能及的。当然，人工智能做手术并不是完全独立的，还需要人类的辅助。

第三，人工智能推动了无人机的出现和发展，同时，无人机也是一种人工智能。

第四，人工智能是银行运行的必备系统。

第五，人工智能对娱乐行业也有着积极的影响，比如体育赛事的报道、公司营收的管理，甚至新闻的写作。

第六，人工智能可以用于探测资源和矿产，还可以代替人类做一些危险的工作。

第七，人工智能给我们的生活带来了极大便利。例如，扫地机器人将我们从繁杂的家务劳动中解放出来。

第八，人工智能也有助于我们的个人生活。比如，它可以帮我们理财、管理健康状况，甚至挑选合适的服饰等。

　　同时，人工智能也对人类有负面影响。首先，人工智能基本取代人力后，人类将面临大规模失业，这也是大家讨论比较多的。其次，倘若人工智能拥有自我意识，会对人类的生存造成威胁。就像一些科幻小说或科幻电影所述，人工智能开始反抗人类，甚至企图征服人类、占领地球。

· 扫地机器人

最后，人工智能深度学习和迁移学习有什么区别呢？当前，所有的人工智能都在进行深度学习。人类同样具有深度学习的能力，只是人工智能在某些方面的深度学习能力已经超过人类。但是，人类具有的另一种能力是人工智能力所不及的——迁移学习，也就是把在一个方面学到的知识运用到其他方面上。

比如，小孩子听到别人讲话，会将其中一些字连起来，甚至通过这个字产生联想，创作出新的句子，这是人工智能无法做到的。AlphaGo可以在19×19的棋盘上战胜著名棋手柯洁和李世石，如果将棋盘扩大为21×21的规格，AlphaGo就无法下围棋了，而人类依然可以。

另外，人类从国际象棋中领悟的很多智慧技巧可以用到中国象棋里，但人工智能无法这么做。这就是迁移学习，即将学到的知识、技巧和智慧运用到其他事物上。这正是AlphaGo不属于强人工智能的原因。

三、3D技术

去电影院观看3D电影时，我们通常要戴上3D眼镜。通过这一观影原理，我们可以了解3D技术的定义。

通常，人眼看到的景物都是立体的。在视物过程中，除了从左向右看、从上向下看这两种平面移动，我们还会感受到前后的纵深感，这种纵深感就是三维的。也就是说，相对于上下、左右这两个维度来说，前后就是第三个维度。

那么，三维是如何产生的？一个小实验可以帮助大家了解这一现象。

伸出右手，竖起食指放在眼前。然后，用左手触摸右手食指，很容易就能摸到。但是，当你闭上左眼、睁开右眼后会发现，再触摸右手食指时会有些偏差。因为，一只眼只能看到平面

147

的东西，也就是二维物体，即左右、上下的平面。这个时候，你会失去对前后方向的判断。同样地，闭上右眼、睁开左眼，再用左手触摸右手食指时，你依然会感到有些不便。最后，双眼同时睁开，再触摸伸在眼前的食指，你一下子就摸到了。这个实验证明，我们是通过两只眼睛判断景物的纵深的。

再次重复以上动作。我们闭上右眼、睁开左眼看竖在面前的右手食指，然后快速闭上左眼、睁开右眼再次观察，我们会发现，食指的位置发生了变动。这说明，我们的两只眼睛分别看到的是两个略有不同的画面，画面之间存在偏移。当双眼同时睁开，我们的大脑会自动把两个画面合二为一。当然，并不是简单地将两个画面重组，而是加入了一个维度，这样，我们就能体会到纵深感了。

3D的原理是类似的。

通常，在拍3D电影时，只用一台摄像机是无法呈现出3D的立体效果的。一台摄像机只能拍出2D电影，这与我们用一只眼睛只能看到二维场景的原理一致。

如果我们用两台甚至三台摄像机同时拍摄，再把画面合成，最终的画面通过特殊设备（比如3D眼镜）就可以呈现出让我们身临其境的立体效果。那么，为什么要使用3D眼镜呢？如果仅仅将几幅画面重合，我们的肉眼仍然无法看出3D效果，只能看到由几个二维图像重叠起来的模糊影像。

3D眼镜的工作原理是什么？通过偏振，3D眼镜可以将屏幕左右两边的二维画面分别通过两块镜片择取出来，其中，左侧镜片只能择取屏幕左侧的二维画面，右侧亦然。择取的画面一经我们的大脑合成，就变成了立体画面。

无论是3D电影，还是本章第一节提到的虚拟现实，都是通过类似的技术制成的。

接下来谈谈3D技术的几项重要应用。

首先是3D打印技术。这项快速成型的技术以数字模型文件为基础，运用粉末状的金属或塑料等可黏合材料，通过逐层打印的方式构造物体。

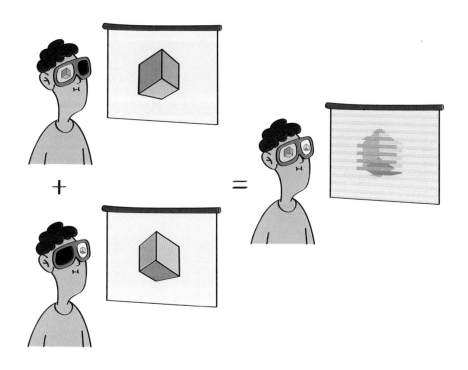

· 3D眼镜工作原理

3D打印技术对我们来说有什么意义？这项技术可以大大降低人类的生活成本。3D打印技术可以用于打印房屋，根据调查，它甚至可以解决住房危机。3D打印建筑所需的原材料成本，比建造传统建筑低30%。

在医学上，3D打印技术可以模拟人类器官，用于医学生的解剖练习与学习。科学家还利用胶原蛋白制成的水凝胶打印出了小白鼠的卵巢，将它移植入雌性白鼠的体内后，母鼠成功诞育了白鼠幼崽。由于人体器官复杂程度较高，要将3D打印技术应用于人体还需一段时间，但这项将为人类医学带来巨大改善的技术未来可期。

最后谈谈3D技术在未来的几种发展可能。科幻电影中常有这样的情景——手机上的物体可以从屏幕中直接跑出来，比如电影《饥饿游戏》中的森林竞技场和野兽。这些都是通过全息交互技术完成的。

我认为，虚拟现实的终极技术并不会仅仅取代裸眼3D，而是完全达到人眼裸视的效果。终极技术将取代头盔、人机设备，使我们直接进入虚拟现实。因为，当我们戴上头盔、手套等设备时会感到负担，感觉这并不是真正的虚拟现实世界。而未来，完全浸入式的3D技术将会实现。那时，我们进入虚拟现实世界就不需要戴头盔、手套或者3D眼镜等设备了。

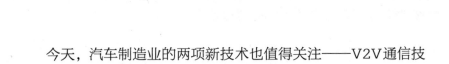
四、V2V通信技术与
自动驾驶

今天，汽车制造业的两项新技术也值得关注——V2V通信技术，也就是车对车的无线信息交换技术，以及无人驾驶技术。

近年来，"无人驾驶"这个专业术语受到热议，各大科技公司也在争相研发无人驾驶技术，这是人工智能方面的一大新兴科技。只是由于激烈竞争，各大科技公司互相保密，我们无从得知技术细节，因此很难解释无人驾驶技术的具体步骤，以及每个步骤包含的尖端技术、环节等。

目前，我国相关法规尚不容许无人驾驶汽车在马路上行驶。此前，百度公司董事长李彦宏乘坐无人驾驶汽车到达无人驾驶技术发布现场的行为，就被判为违规操作。

这是因为，无人驾驶技术尚未发展成熟，具有较大的安全隐患。倘若直接投入使用，很可能引发交通事故，比如车祸等。

　　而上文提到的车对车通信技术，即V2V通信技术，正是实现无人驾驶的基础。V2V的全称名称是"vehicle-to-vehicle communication"，顾名思义，这项技术针对车辆间的通信。

　　V2V通信技术能够让相互靠近的汽车互相发送位置、速度、行驶方向等基本信息，从而大大降低发生碰撞事故的可能性。同时，车辆相互收发信息还可以缓解交通拥堵问题。

　　那么，相比传统雷达技术，V2V通信技术有哪些优势？

　　目前，传统雷达技术可以实现障碍物扫描、报警等功能，而V2V通信技术可以通过网络信号传递信息。与传统雷达相比，V2V通信技术有以下几点优势：

　　第一，覆盖面广。V2V通信技术的通信半径有300—500米，而传统通信技术的通信半径仅有十几米。因此，一旦可能发生危险，V2V通信技术探测时间更早、预警时间更长。此外，V2V通信技术不仅能够提醒驾驶人车辆前方有障碍物，还可以观测到车身两侧与后方的事物，大大扩展了司机的视野。

检测到前方有牛，
请注意避让。

· V2V通信技术能更早提醒驾驶人车辆周围有障碍物

第二，V2V通信技术可以帮助驾驶员有效地避免盲区。如果行驶过程中出现盲区，传统雷达对于汽车前后危险的判断较为迟钝，而V2V实时发送的信号则可以显示驾驶人不可见的场景，从而大大降低了因视野盲区造成事故的概率。

第三，V2V通信技术对隐私信息的保护性较强。V2V通信技术拥有专用频率，为5.9千兆赫兹。相比传统通信技术，这更能保障信息的安全性和私密性。如果世界各国都能将这项技术规范化，V2V 系统将会成为类似救援频道的公共资源。目前，V2V 通信技术还只处于协议层面，一些汽车品牌已经签署了这项协议，例如通用、福特、克莱斯勒等。

正因得到了汽车厂商的研发与各大车企的支持，V2V 技术已经获得了一定的认可。美国道路安全局也在推广这项技术。

未来，V2V 技术可能会发展为 V2X。"X"指任何可以通过网络为车辆行驶传输相关信息的事物，比如交通信号灯。

此外，V2V 技术的研发也可以为无人驾驶技术提供经验。

那么，V2V 设备会占用多少车内面积呢？目前，V2V 设备的硬件部分被安装在车辆的后备厢中，所以并不会占用较大的车体空间。未来，随着科技发展，更先进的传感器、发射器等设备将应运而生，从而帮助不同车型进行更安全的驾驶。

然而，即便 V2V 技术可以切实地解决一些问题，但无人驾驶技术仍面临着诸多问题与阻碍。

首先，无人驾驶汽车并不擅长在恶劣天气行驶。暴雨、雷暴等恶劣天气，是阻碍无人驾驶走向市场的一大难题。

其次，无人驾驶汽车在应对复杂多变的路况时不甚灵活，无法像人脑一样随机应变，会对行人的安全造成较大威胁。

再者，无人驾驶技术存在安全隐患。此前，有人在驾驶某品牌汽车时使用了这项技术，然而，双手离开方向盘后，汽车险些与路边的车辆碰撞。

最后，无人驾驶技术必须实现及时、大量地处理地图信息的功能。倘若无人驾驶汽车驶入此前不曾到来的新区域，或当地路况发生变化而地图信息未能及时更新，汽车的行驶也会出现问题。

虽然无人驾驶技术的未来发展难以预料，但它值得我们的期待与畅想。许多电影中也出现了无人驾驶技术，比如《我，机器人》《侏罗纪公园》和《少数派报告》等。

五、量子通信

　　在科学发展史上，量子通信技术的地位至关重要。量子通信技术基于量子隐形传输，那么，什么是量子隐形传输呢？

　　对量子隐形传输的理解可以借助复印技术。利用复印机，我们可以将一张纸上的内容复印到另一张纸上。

　　实际上，工厂的批量生产同样利用复印技术，只是需要用到类似复印机的模具。比如，我们要铸造锤子，需要先制作锤子的模具，再注入铁水，待铁水凝固冷却后安装锤柄，一把锤子就做好了。通过这个模具，我们可以铸造出形制相同的锤子，而量子通信的作用同理。将量子完整地复制，比如将量子态复制到另外一个状态上，这一过程就是量子复制。

　　但与传统复印技术不同的是，量子力学拥有神奇的量子不可克隆定理。也就是说，量子力学中，对任意一个未知的量子态进行完全相同的复制的过程是不可实现的。因为，克隆量子态的前提是了解其特性，而了解特性的前提是对量子态进行观测，但观测行为又会引起量子态的变化。我们无法清晰地了解量子态，因此无法对它进行克隆。

不可克隆定理是否说明量子是无法复制的？当然不是，这一定理只是说明，我们无法把一个物体完整地拷贝到另外一个物体上，或制造出相同的物体。但是，这并不妨碍我们将这个物体破坏，再将其状态通过另外一个物体呈现出来。

因此，量子态隐形传输的过程是这样的：将量子态破坏，再把它传输出去。

通常，经典的运输方式可以对物体状态进行完整地传输。比如，将这段文字制成摩斯密码，传到他人手中，他再通过专用设备，比如电脑或收音机，破译这段摩斯密码——这就是经典传输。量子隐形传输的原理则是对量子态完整地进行传输，而这一过程中，原有的量子态被破坏了，产出的是原量子态的复制品。

这表明，量子通信需要将原始的量子态破坏掉，经典通信则不需要。再举个例子说明这一复杂的概念。我向你发送一封电子邮件，你打开邮件后，如果我的邮箱中的原件完整地保留了下来，这就是经典传输；如果原件已被彻底破坏、无法复原，这就是量子通信。

那么，量子隐形传输是如何实现的？具体过程是何样的？这一原理在表述上较为复杂，一个简单的例子可以说明。

比如，我手里有一只量子鞋。通常，一双鞋子分左脚和右脚，但我无法确定这只量子鞋属于左脚还是右脚，甚至，它可能处于左、右两只鞋子的叠加状态。也就是说，它既可能是左脚的，也可能是右脚的，或许50％的概率属于左脚，50％的概率属于右脚；也可能99％属于左脚，1％属于右脚。无论何种情况，当我们不了解量子态，但需要将其传输时，应该怎么做呢？

现在，我将想传输给你的这只量子鞋小心地存放着，不能触碰它，因为一旦触碰，它就会被破坏。然后，我再准备一双量子鞋，这双量子鞋是成对的，倘若其中一只属于右脚，那么另一只必然属于左脚。

于是，我一共拥有三只鞋子，其中一只是最初想传输给你的那只，另外两只是那双成对的量子鞋。然后，我把成对量子鞋中的一只传送给你。这样，量子隐形传输的第一阶段就完成了。

第二阶段，为成对量子鞋中留下的一只，和最初想传输的那只鞋子进行测量。测量结果无非有三种：一只属于左脚，一只属于右脚；两只都属于左脚；两只都属于右脚。

第三阶段，我用经典传输将测量结果通知你。

假如是第一种结果，很凑巧，我最初想传输给你的量子鞋，代替了你在第一阶段得到的鞋子，并与被留下的另一只鞋组成了一对。也就是说，传送给你的那只量子鞋，与我最初计划传送的量子鞋处于同一个状态。

假如是第二种或第三种结果，那么说明，我传输给你的量子鞋的状态，与我最初计划传输给你的量子鞋的状态不一致，

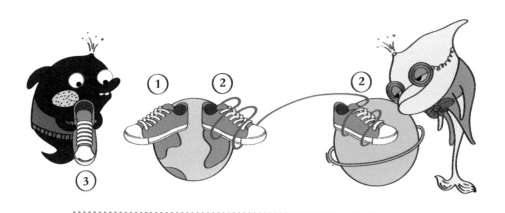

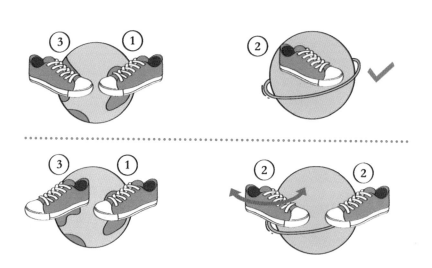

· 量子隐形传输

同时我也了解了最初计划传输的鞋子的状态。于是，我们换一种做法，就可以把你得到的量子鞋转换为我最初计划传输的鞋子。

最终，你得到了我最初要传输的量子鞋的状态后，量子隐形传输的过程就完成了，并且没有违背量子不可克隆定理。

最后谈谈量子通信在未来的发展可能。

未来，人们不仅仅可以传输一段摩斯密码的量子态，甚至可以对身上的全部原子和分子的量子态进行传输，也就是通过量子隐形传输将整个身体传输出去。

然而，实现这一设想困难重重。尽管量子通信实验发展迅速，每年都会迎来新进展，但要数量如此庞大的原子的量子态传输出去，目前还无法实现。至少，在未来的50年到100年内，量子通信无法将人的身体传送出去。

不过，量子通信的孪生技术——量子计算是有可能实现的。量子计算一旦实现，它的计算速度会比现在全球速度最快的超级计算机还要快。

另外，待量子计算机普及之后，黑客还会存在吗？

当然不会。因为，量子计算机利用了量子力学原理，其中包含量子不可克隆定理，这样一来，黑客就无处安身了。

第 7 章

科技的未来畅想

人类对未来科技有众多想象，这些想象能够
被一一实现吗？人类可以移民外星球吗？可以像
哈利·波特一样隐形吗？未来的交通会如何呢，
还会面对堵车的烦恼吗？

一、太空移民

人类有诸多关于科技发展的畅想，太空移民便是其中之一。说到与航天有关的事情，我们总会联想到20世纪阿西莫夫等作家的科幻作品，那也是科幻写作的黄金时代。冷战时期，航天事业在当时人们的眼中成为新时代的象征。但出乎意料的是，新时代的象征被计算机取代，而人们曾期待的"大航天时代"一直没有来临。

这是为什么？前文曾提到，这是由于星际航行需要大量的能量。那么，一般的航天飞机在地球同步轨道上运行，大概需要多少燃料呢？如果将美国已经退役的航天飞机送到速度约7.6千米/秒的同步轨道，假设航天飞机重100吨，那么当它在同步轨道上运行时，动能达30000亿焦耳，也就是30000加仑的汽油。

科技的未来畅想

一些观点认为，在未来，反物质推进器将帮助人类节省能源。根据爱因斯坦的质能理论，即 $E=mc^2$，1千克物质与1千克反物质相遇湮灭会产生大概9亿亿焦耳能量，远高于航天飞机在同步轨道上运行时所需要的能量。进一步计算，把航天飞机送到同步轨道，仅需要大概0.02克的反物质。

那么反物质从何而来？第二章提到，我们很难得到反物质。

反物质在世界范围内的年均产量不过十亿分之一克，因此，要得到发射航天飞机所需的0.02克反物质是非常困难的。

　　而在阿西莫夫、刘慈欣、克拉克等作家的科幻小说中，宇宙飞船的飞行速度远高于当前宇宙飞船所达到的速度。旅行者一号是人类迄今为止速度最快的飞行器，但速度尚不及光速的万分之一。若要飞离太阳系，我们的速度应该接近光速，或至少达到光速的十分之一、百分之一，就像刘慈欣在《三体》中所写的。

　　将100千克的飞行器加速到光速的十分之一，需要投入多少反物质？大概需要250克反物质。如果把这台100千克的飞行器加速到光速的99%，则需要300千克的反物质，这一过程中的能量转换是我们无法想象的。因此，依靠反物质解决星际航行的能量问题，我们还有很长的路要走。

　　而实现太空移民，还需要满足一些基本条件。比如，人类居住于太空之中，是居住在航空站而非某个星体上，因此需要把航空站建在固定的点上，也就是与地球相对静止的点——"拉格朗日点"。太阳和地球之间存在5个拉格朗日点，月亮和地球之间也存在着5个拉格朗日点，我们将5个地月拉格朗日点，简称为 L_1、L_2、L_3、L_4、L_5。

通常，将一艘航天飞船送到拉格朗日点所需要的能源，比将航天飞船送到同步轨道所需要的能源多10倍以上。

如果在拉格朗日点建造一个太空站，想要维持太空站的正常运行，则必须在太空站种粮食、烧热水。如果食物和热水都需要从地球传送到空间站，那么还需要建造一架太空梯。

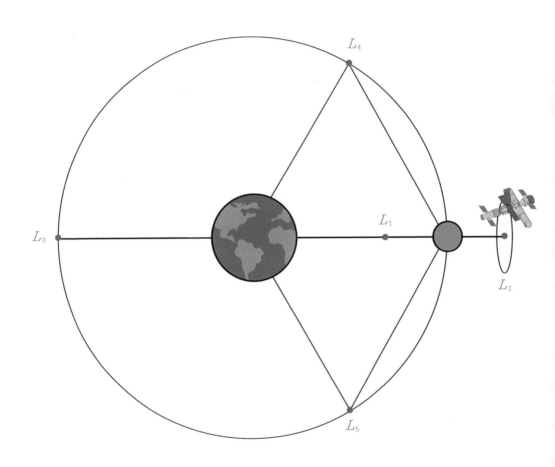

· 地月拉格朗日点

二、隐形技术

对于未来，我们还常常幻想着隐形技术。实际上，著名科幻小说《隐形人》中就有隐形技术的设定，后来，我们在《哈利·波特》中又看到了它。没错，正是哈利·波特的隐身斗篷。哈利披上斗篷后，他的身体就不见了，只剩下脑袋。除了这两部作品，隐形技术还在其他文艺作品中层出不穷。那么，在现实生活中，隐形技术究竟能否实现？其中的玄机是什么？

美国有一种隐形战斗机，一旦升空，雷达就无法探测到它。

美国的隐形战斗机使用的是低可侦测性技术。这项技术的实现，基于在战斗机表面涂上特殊材料，或安装特殊的装置，以降低战斗机机身被雷达侦测的概率。这是隐形技术的一种，但并不是接下来要重点介绍的。

　　即将介绍的隐形技术在应用科学领域还没有出现，目前只存在于基础科学的实验室中。在解释这项隐形技术的原理之前，我们首先需要了解肉眼可以看到事物的原因。

　　基本上，我们能看见一件物体的原因在于，它反射可见光。当然，我们也可以看到一些不反射任何光的物体，比如黑色的物体，它们只吸收光。可见光是指波长在一定范围内的光，而超出这个波长范围的光，就是不可见光，比如红外线、紫外线等。

　　实际上，可见光和不可见光在本质上都属于电磁波，不同的光的区别只在于频率和波长不同。利用这一原理，我们就可以通过一些设备探测不同的电磁波；而利用物体对电磁波的吸收和反射原理，我们可以探测到物体的信息，雷达就是根据这一原理制成的。电磁波遇到阻碍物体后会发生反射现象，雷达再接收反射波并进行处理，最后提取出物体的信息。

　　通过一些技术手段，美国的隐形战斗机能够不反射雷达发出的电磁波。而目前正处于基础研究阶段的隐形技术则既不反射也不吸收，而是想办法"骗"过雷达。

怎么"骗"？让雷达发射出的电磁波的波形，在遇到某个物体后保持原样。也就是说，假设把光打在一面墙上，我们不仅要让光"穿过"这堵墙，还要保证它"出来"时不改变原样，仿佛这堵墙并不存在。

这该如何实现呢？

我们要改变这堵墙的材质。这也是过去20年间，科学家进行隐形材料研究的思路。假如哈利·波特的隐形斗篷就是我们需要的隐形材料，那么，它要怎么才能做到让披上斗篷的人"隐身"呢？

这需要在斗篷里改变电磁波的光路，也就是让光经过斗篷后，与原来的光继续保持平行。这样一来，就好像并没有物体挡住了光。

当然，隐形技术还有另一种理解方式。比如，将光投向一个圆形的壳状物时，光既不会穿过这个壳状物，也不会被它挡住，而是顺着它呈圆弧形移动，又在前方变成平行光。如此一来，我们就看不见这个壳状物了。再将一个物体放在壳里，壳中的物体就被保护起来，变成"隐形"的了。

而在日常生活中，最常见的、能够较小地改变光的方向的物体是玻璃。玻璃会使光发生折射，但通常都是向内侧折射，因为玻璃的折射率是大于1的。

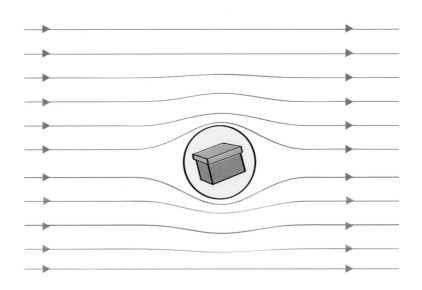

· 圆形壳状物保护下的隐形

　　而上文提及的壳状物，则必须使光向外侧折射，这时需要用到折射率小于1的材料，而这种材料当然不是天然存在的。

　　大约20年前，英国的一些理论家认为，这样的材料是可以设计的：它的光学性质不由构成它本身的原分子和原子决定，而是由内部的人造结构决定。这种材料被称作"超颖材料"。

　　那么，折射率小于1的超颖材料要如何制造呢？科学家们提出了一个理论。通过制造折射率为负数的材料，将它与折射率大于1的材料按不同比例混合，就可以制造出折射率小于1的材料。

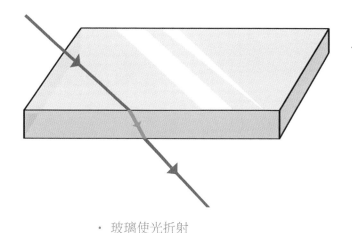

· 玻璃使光折射

于是，超颖材料在21世纪问世了，但仅限于折射微波。时至今日，可以折射可见光波段的超颖材料尚未诞生，但我相信，这种材料终将问世。

如今，世界大国皆在研究超颖材料。然而，倘若可以折射可见光波段的超颖材料研制成功，将会造成难以控制的后果。假如人们真的像《隐形人》和《哈利·波特》里的场景一样，穿上了隐身衣，那么大家在光天化日之下就可以为所欲为了，这是非常危险的。所以，当这样的隐身材料问世时，随之而来的是它对社会造成的消极影响。那时，想必世界各国会纷纷立法，阻止隐身技术在民间的肆意使用。

三、未来交通

最后谈谈埃隆·马斯克这位科学怪人关于未来交通的畅想。关于他，最为人所知的应该是他研发的电动汽车特斯拉。

特斯拉面世后，越来越多的公司加入了电动汽车研发领域，其中包括各大传统的汽车公司，同时也引发了电动汽车领域的激烈竞争。

不过，电动汽车并不完全代表埃隆·马斯克关于未来交通的畅想，他另外的两个畅想是地下高速公路和超级高铁。

1.地下高速公路

在中国，诸如北京、上海、深圳的超级大城市的交通拥堵现象频频发生，这也是世界上所有大城市共同的痛点。

于是，埃隆·马斯克提出将汽车交通移到地下，即建立地下高速公路。

马斯克的大致构想是怎么样？他打算在城市地下挖掘大量的隧道，发展地下公路。原本在地面上行驶的汽车，可以通过建在地面上的入口进入地下公路，这些入口都装备着金属平台，人们只需将汽车停在金属平台上，汽车就会像乘坐电梯般被运到地下隧道中。

同时，汽车一旦停在金属平台后就无须继续行驶了，金属板会载着汽车根据指定路线在地下高速公路上快速行驶，时速高达200千米/时，超过了我们平时在高速公路上行驶的最高时速限制。金属板搭载汽车到达目的地后，再通过出口将汽车送回地面，从而完成了地下穿越城市的任务。

倘若地下隧道交通能够像地面交通一样四通八达，那么大多数汽车都可以进入地下高速。甚至，人们还可以建设地下的立交桥和高架桥。正如马斯克所说，地下车道，"三十层都不嫌多"。

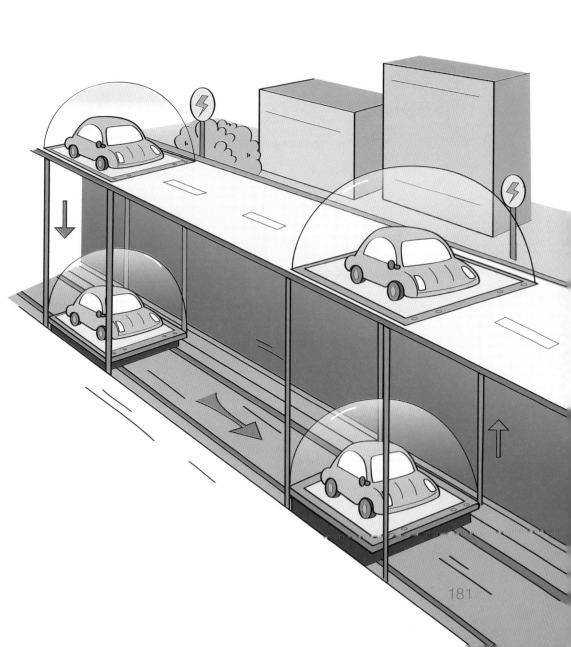

因此，我们将来可能在地下看到这样的情形：四通八达的地下高速公路系统上，一块块载着汽车、驾驶员及乘客的金属板正高速运行着。

这是马斯克关于地下高速公路的大胆设想，他还专门建立了一家公司——"The Boring Company"（无聊公司）。其中"Boring"是个双关语，除了"无聊"，同时也有"钻探"的意思。

为了缓解地面交通，我们在科幻电影及其他的未来畅想中，都考虑让汽车在空中飞行，但这至今依然未能实现。在我看来，这一设想的最大阻力是能量消耗。与地面行驶相比，汽车的空中飞行所需能量显著增多，这并不是一种经济、环保的出行方式。而相对来说，马斯克的地下高速是较为节能、经济的选择，因为汽车在地下隧道中前进时受到的空气阻力较小。因此，地下高速公路确实是一个奇妙且具有可行性的想法。马斯克已经开始地下隧道的试挖工作了。

可马斯克的奇妙想法依旧存在问题，也引发了一些技术与非技术层面的争议。马斯克表示，技术上的问题他可以解决。那么，技术之外的问题呢？

第一个问题，马斯克似乎并未意识到，引发交通拥堵现象的罪魁祸首就是与日俱增的汽车数量，即便把大城市的汽车都运到地下，地下的车辆数目也会越来越多。那么，我们究竟需要挖掘多少地下高速隧道，才能彻底解决拥堵问题？

第二个问题，在挖掘诸多地下高速隧道后，地面一旦发生塌陷，如果地下高速公路的安全无法得到保障，地面上的事故就会波及地下，也为医疗救援增加了难度。

第三个问题，地下行驶车辆在到达目的地，回到地面时，仍然需要停车位，这会给地面停车增加压力。

2.超级高铁

马斯克的第二个畅想更加出名——超级高铁。

中国是当仁不让的高铁大国，我们的高铁技术与高铁速度举世闻名。而在美国，高铁尚未普及，北加州的高铁工程建设速度

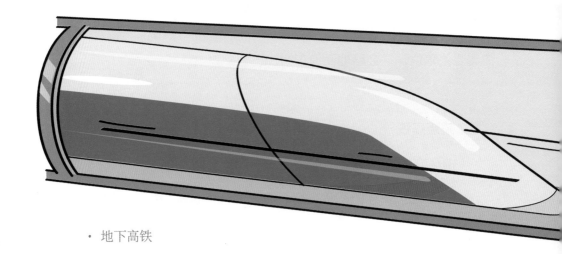
缓慢、造价颇高。为了解决这个问题，埃隆·马斯克提出了一个关于建造超级高铁的构想。

超级高铁是指在地面上建造真空管道，使车舱在真空管道中行驶。由于车舱是节状的，外表形似胶囊，因此，有时我们又将这种超级高铁称为"胶囊列车"。由于管道是真空的，车舱在行驶中不会受到空气阻力，同时，磁悬浮原理会将车舱悬浮起来，以此消除高铁与地面的摩擦。两种阻力消除后，高铁的行驶过程几乎是无能量消耗的。设想一旦成功，这种子弹型超级高铁的时

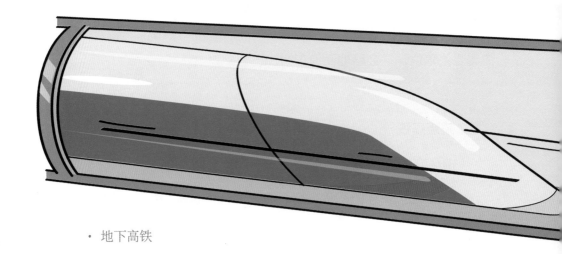

· 地下高铁

速可达1000千米/时。

超级高铁公司真正的建造目的，是打造从洛杉矶到旧金山的超级高铁路线。我在加州时，曾经尝试从洛杉矶开车到旧金山，全程花费8小时。如果超级高铁建成，乘客们在半小时内就可以从洛杉矶到达旧金山。

然而，建造真空管道的成本是多少？没有人认真计算过。但是马斯克表示，建造超级高铁大概需要600亿美元。虽然不知道这个数字是否符合实际，但超级高铁一旦建成并投入使用，无疑会成为非常节能、环保的交通方式。它不产生任何废气，即便需要使用能量，也只是利用太阳能等清洁、经济的能源。

图书在版编目(CIP)数据

　　森叔说科技简史:从过去行至未来/李森著. —福州:
海峡文艺出版社,2022.11
　　ISBN 978-7-5550-3133-8

　　Ⅰ.①森… Ⅱ.①李… Ⅲ.①科学技术－技术史
－世界－普及读物 Ⅳ.①N091－49

　　中国版本图书馆 CIP 数据核字(2022)第 168184 号

森叔说科技简史:从过去行至未来

李　森　著

出 版 人　林　滨

责任编辑　邱戊琴

编辑助理　王清云

出版发行　海峡文艺出版社

经　　销　福建新华发行(集团)有限责任公司

社　　址　福州市东水路 76 号 14 层

发 行 部　0591－87536797

印　　刷　福州德安彩色印刷有限公司

厂　　址　福州市金山工业区浦上标准厂房 B 区 42 幢

开　　本　700 毫米×890 毫米　1/16

字　　数　103 千字

印　　张　12

版　　次　2022 年 11 月第 1 版

印　　次　2022 年 11 月第 1 次印刷

书　　号　ISBN 978-7-5550-3133-8

定　　价　45.00 元

如发现印装质量问题,请寄承印厂调换